徐州工程学院学术著作出版基金资助

基于温湿度环境大体积粉煤灰混凝土裂缝控制的研究

刘志勇 著

江苏大学出版社
JIANGSU UNIVERSITY PRESS

镇 江

图书在版编目(CIP)数据

基于温湿度环境大体积粉煤灰混凝土裂缝控制的研究/
刘志勇著. — 镇江：江苏大学出版社，2022.12
ISBN 978-7-5684-1947-5

Ⅰ.①基… Ⅱ.①刘… Ⅲ.①粉煤灰混凝土－裂缝－
控制－研究 Ⅳ.①TU528.2

中国版本图书馆 CIP 数据核字(2022)第 254737 号

基于温湿度环境大体积粉煤灰混凝土裂缝控制的研究
Jiyu Wen-shidu Huanjing Da Tiji Fenmeihui Hunningtu
Liefeng Kongzhi De Yanjiu

著　　者/刘志勇
责任编辑/李菊萍
出版发行/江苏大学出版社
地　　址/江苏省镇江市京口区学府路 301 号(邮编：212013)
电　　话/0511-84446464(传真)
网　　址/http://press.ujs.edu.cn
排　　版/镇江市江东印刷有限责任公司
印　　刷/江苏凤凰数码印务有限公司
开　　本/710 mm×1 000 mm　1/16
印　　张/14.25
字　　数/260 千字
版　　次/2022 年 12 月第 1 版
印　　次/2022 年 12 月第 1 次印刷
书　　号/ISBN 978-7-5684-1947-5
定　　价/48.00 元

前　言

　　虽然大体积混凝土在土木工程中的应用日益广泛,但混凝土结构尺寸的增大也给工程建造带来了新的问题。大体积混凝土最核心的问题是温度裂缝控制问题,国内外对大体积混凝土所进行的大量研究也都是围绕这个问题展开的。从原材料的选用、配方的优化到对施工过程的控制,再到对大体积混凝土温度的计算、预估与预控,这中间的每一步对解决大体积混凝土温度裂缝问题都至关重要。通过工程实例分析大体积混凝土温度场变化和温度应力变化的规律性,并对每一步作业严格把关,就能够有针对性地提出大体积混凝土温度裂缝控制方案,有效保证现场施工的质量,增强结构物的耐久性,这对我国国民经济的高质量发展具有非常重要的意义。

　　本书以实际工程为背景,以裂缝控制为核心,首先介绍了大体积混凝土温度裂缝的产生机理,提出了温度裂缝的实际解决措施。然后通过一系列的试验研究、理论分析及数值模拟,分别从原材料的选用、混凝土配方的设计与优化、粉煤灰混凝土性能的提高等方面,研究温度场、温度应力场和湿度应力场的发展规律等。最后通过分析比较大体积粉煤灰混凝土水闸墙实际工程温度场的理论计算结果、温度场和应力场的测试结果、不同温湿度环境下的数值模拟结果,以及对温湿度应力场的进一步数值模拟,总结了大体积混凝土温湿度场及其应力场变化的一般规律,确保实际工程中由环境温湿度变化引起的应力较小,验证了 ANSYS 可以很好地对施工过程进行仿真分析,并通过现场实测进行了验证,针对大体积混凝土裂缝的有效控制提出了建设性意见。

　　全书分为 6 章。第 1 章为绪论,本章介绍本书涉及的相关重要概念和大体积混凝土的特点,分析大体积混凝土温度裂缝的产生机理,重点介绍大体积混凝土温度裂缝的研究现状和实际解决措施,剖析研究中存在的主要问题,提出本书研究的主要内容及意义。第 2 章为大体积粉煤灰混凝土性能试验研究,本章主要从原材料性能试验研究着手,优化配合比设计,并采用正交试验讨论了原材料对粉煤灰混凝土性能的影响规律。第 3 章为粉煤灰混凝土与基准混凝土强度及收缩性能的区别研究,本章主要通过物理试验研究粉煤灰对混凝土强度的影响规律,通过收缩试验研究粉煤灰与不同温湿度环境对混凝土收缩性能的影响规律。第 4 章为大体积粉煤灰混凝土水闸墙温度场的研究,本章以实际工程为物理模型,利用理论公式和数值模拟计算结构温度场并与现场实测温度进行对比,修正、完善了经验公式,验证了数值方法分析温度场的适用性。第 5 章为不同温湿度环境对大体积粉煤灰混凝土裂缝影响的研究,本章通过物理试验、数值模拟与现场实测三种方法,研究具有相同配方的大体积粉煤灰混凝土在不同温度下的温度应力场、内外最大温差和最大温度应力,以及不同湿度下大体积粉煤灰混凝土结构的湿度应力场,得出了能使结构的内外温差和最大温度应力最小的温度环境,进一步给出了不同温湿度环境下结构的应力场分布,以及何种温湿度环境能使结构的应力最小且有利于结构防缝工作的开展。第 6 章为总结与展望,本章对本书的研究工作进行总结,展望了后续的研究目标和方向。

本书在撰写和出版过程中得到了徐州工程学院学术著作出版基金资助,并得到了学院领导、牛鸿蕾教授及其他老师的支持与帮助,在此一并表示衷心的感谢。本书参考、借鉴了国内外相关文献,在此对原作者表示诚挚的谢意。

由于作者水平有限,书中难免存在疏漏与不当之处,恳请同行专家和读者予以批评指正。

著　者

2022 年 3 月

目　录

第1章 绪 论

工业水平的提高,施工技术的进步,数学、力学理论的发展,计算技术的改革,直接带来了建筑材料的革新,使得建筑业渐渐向着高、大、深、重和复杂结构的方向发展,建设规模日益扩大。这期间,大体积混凝土的应用得到长足发展,在现代工程建设中占有越来越重要的地位。例如,工业建筑中的大型设备基础,高层、超高层和特殊功能建筑的箱形基础或筏式基础,有较高承载力的大桩承台,大跨度桥梁基础等都是体积较大的钢筋混凝土结构;大坝、水闸、船坞、水电站厂房、泄洪建筑物及港航建筑物也都是用大体积混凝土构筑的。

虽然大体积混凝土已大量应用于工业民用建筑、特种设施及交通土建工程,但混凝土结构尺寸的增大也给工程建造带来了新的问题。大体积混凝土最核心的问题就是温度裂缝控制问题,国内外对大体积混凝土进行的大量研究也都是围绕这个问题展开的。从原材料的选用和配方的优化到对施工过程的控制,再到对大体积混凝土温度的计算、预估与预控,这其中的每一步对解决大体积混凝土温度裂缝问题都至关重要。通过一些工程实例分析出大体积混凝土温度场变化和温度应力变化的规律,并对每一步作业严格把关,就能够有针对性地提出大体积混凝土温度裂缝控制的方案,有效保证现场施工的质量,增强结构物的耐久性,这对于我国国民经济的高质量发展具有非常重要的意义。

1.1 相关概念

1.1.1 大体积混凝土

现代建筑材料琳琅满目,种类繁多,其中最主要的就是被人们称作

"灰色金子"的水泥。截至 2013 年,世界水泥的年产量已超过 40 亿吨。自 1756 年发明水泥,1844 年向市场推出水泥产品以来,颜色、强度、韧性、柔性、凝结等各不相同的水泥数不胜数。简单地说,水泥中加入水、砂、石就成了混凝土。根据国家发改委的数据,2021 年我国水泥产量为 23.63 亿吨,全国商品混凝土产量达 32.93 亿立方米。随着生产的高度机械化、自动化和规模化,混凝土成为建筑工程中使用的主要材料,并且施工中所用混凝土的体积也越来越大。

什么是大体积混凝土?目前国内对其尚无一个明确的定义,国外的定义也不尽相同。日本建筑学会规定,结构断面最小厚度在 80 cm 以上,同时水化热引起混凝土内部的最高温度与外界气温之差预计超过 25 ℃的混凝土,称为大体积混凝土。美国混凝土协会规定,任何就地浇筑的大体积混凝土,都必须采取措施解决水化热及随之引起的体积变形问题,以最大限度减少开裂。从以上两国相关学(协)会给出的定义可知:是否为大体积混凝土,不是由混凝土绝对截面尺寸的大小决定的,而是由混凝土是否会产生水化热引起的温度收缩应力决定的,但水化热的大小与截面尺寸直接相关,同时受到水泥含量、水泥水化热的大小、混凝土入模温度、入模气温和模板材料等因素的影响。

我国对大体积混凝土没有给出明确的定义,建筑工程中将具有下述共同特征的结构统称为大体积混凝土:结构厚实、混凝土土方量大、工程条件复杂、施工技术要求高,水泥水化热使结构产生温度变形,必须采取相应的措施以尽可能减少温度变形引起的开裂。大体积混凝土出现的问题一般不是力学上的结构强度问题,而是因温度变化产生裂缝,混凝土的抗渗、抗裂、抗侵蚀性能下降,影响整个结构的耐久性的问题。

大体积混凝土除体积较大外,最主要的特点是混凝土的水泥水化热不易散发,在外界环境或混凝土内力的约束下,极易产生温度收缩而出现裂缝。因此如果仅根据混凝土的几何尺寸大小来定义大体积混凝土,就容易忽略温度收缩裂缝和为防止裂缝应采取的施工措施。以混凝土结构内部可能出现的最高温度与外界气温之差达到某规定值来定义大体积混凝土,也是不够严谨的,因为各种温差只有在"约束条件"下才会产生温度应力及温度裂缝,所以避免出现裂缝的内外允许温差受约束力大小的影响,当内外约束力较小时,混凝土的内外允许温差较大,反之较小。

因此,以下对大体积混凝土的定义更能反映其工程性质:现场浇筑混凝土结构的几何尺寸较大,且必须采取技术措施解决水泥水化热及其变形问题,以最大限度地减少开裂,这类结构称为大体积混凝土。

1.1.2　温度与温度应力

温度是表征物体冷热程度的物理量。由于水泥水化释放出大量的热及外部环境温度的变化,大体积混凝土结构内部的温度处于不断变化的过程当中。温度的升降变化引起的应力就称为温度应力。混凝土结构温度应力的变化规律与其他结构温度应力的变化规律有一定的差别,原因主要有两个方面:一是混凝土的弹性模量是随着龄期的变化而变化的;二是混凝土会发生徐变。工程实际中,混凝土的温度应力分析比较复杂,受结构形式、气候条件、施工工艺、材料特性及运行条件等多种因素的影响。

1.1.3　裂缝与裂缝控制

水泥混凝土是多种脆性材料组成的非匀质材料,具有抗压强度高、耐久性良好,以及抗拉强度低、抗变形能力差、易开裂等显著特征。大体积混凝土自浇筑开始,就受到外界环境及其本身各种因素的作用,使混凝土中任一点的位移和应变不断变化,从而产生应力。一般情况下,当应力超过混凝土的极限强度,或应力变形超过混凝土的极限变形值时,由混凝土构成的结构物就会产生裂缝。

近代科学关于混凝土材料的微观研究及大量工程实践的经验说明:结构物的裂缝是不可避免的,裂缝是一种人们可以接受的材料特征,如果对结构物抗裂要求过严,须付出巨大的经济代价。因此,分扩裂缝的种类及其产生的原因,进而将裂缝宽度控制在可接受的范围内具有现实意义。

混凝土的破坏过程是非常复杂的,能破坏混凝土的应力主要有温度应力、干缩应力、外荷载应力、基础变形应力、膨胀力产生的应力和自生体积变形应力等。因此,虽然此前研究混凝土裂缝的理论很多,如唯象理论、统计理论、构造理论、分子理论和断裂理论等,但这些理论都不能全面、准确、完整地解释混凝土产生裂缝时的复杂现象。近代关于混凝土的研究证明,在不同的受力状态下,混凝土的破裂过程实际上是和微观裂缝的发展相关联的。

混凝土结构的裂缝问题是具有一定普遍性的技术问题。按混凝土裂缝的宽度不同,可将混凝土裂缝分为微观裂缝和宏观裂缝。

（1）微观裂缝。

20世纪60年代以来,运用现代试验研究设备(如各种实体显微镜、X光照相设备等)观察混凝土已经证实,在尚未承受荷载的混凝土结构中存在肉眼看不见的微观裂缝,其宽度在0.05 mm以下。微观裂缝主要有黏着裂缝、水泥石裂缝和骨料裂缝三种,如图1.1所示。黏着裂缝,即骨料周围出现的骨料与水泥石黏结面上的裂缝;水泥石裂缝,即分布于骨料之间的水泥浆中的裂缝;骨料裂缝,即骨料本身存在的裂缝。以上三种微观裂缝以黏着裂缝和水泥石裂缝为主,骨料裂缝较少;水泥石裂缝和骨料裂缝是在黏着裂缝的基础上加荷而逐渐形成的。由于微观裂缝的存在,尽管水泥浆体和骨料单独受力,各自表现

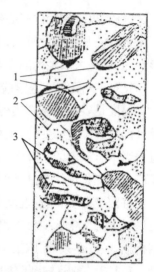

1—黏着裂缝;2—水泥石裂缝;
3—骨料裂缝。

图1.1　微观裂缝

出线性的应力-应变关系,但混凝土整体会呈现出非线性的应力-应变关系。

微观裂缝在混凝土中的分布是不规则的,沿截面是不贯穿的。因此,有微观裂缝的混凝土可以承受拉力,但是对于结构物的某些受拉力较大的薄弱环节,微观裂缝在拉力作用下易串连起来而贯穿全截面,最终导致混凝土较早断裂。在混凝土工程结构中,由于微观裂缝对防水、防腐、承重等都没有危害,所以可以将具有微观裂缝的结构假定为无裂缝结构。结构设计中所谓的不允许出现裂缝,是指不允许出现宽度大于0.05 mm的裂缝,但允许出现宽度不大于0.05 mm的初始裂缝。由此可见,有裂缝的混凝土是绝对的,无裂缝的混凝土是相对的。

（2）宏观裂缝。

混凝土中宽度大于0.05 mm的裂缝是肉眼可见裂缝,亦称为宏观裂缝。宏观裂缝是微观裂缝不断扩展的结果。宏观裂缝的产生一般有外荷载、次应力和变形三种起因,前两者引起裂缝的可能性较小,后者是宏观裂缝的主要诱因。宏观裂缝又可分为表面裂缝、深层裂缝和贯穿裂缝三种,如图1.2所示。

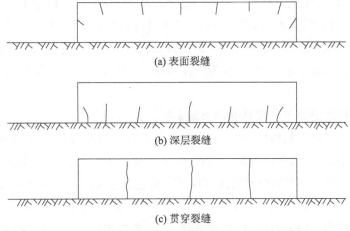

(a) 表面裂缝

(b) 深层裂缝

(c) 贯穿裂缝

图 1.2 宏观裂缝

表面裂缝虽不属于结构性裂缝,但在混凝土收缩时,由于表面裂缝处的截面已被削弱,易产生应力集中现象,故能促使裂缝进一步延伸。国内外对混凝土表面裂缝的宽度都有规定,如我国《混凝土结构设计规范》(GB 50010—2010)对钢筋混凝土结构的最大允许裂缝宽度就有明确规定:室内正常环境下为 0.3 mm;露天或室内高温环境下为 0.2 mm。

深层裂缝部分切断了结构断面,具有较大的危害性,施工中是不允许出现的。

贯穿裂缝是危害最大的一种裂缝,它切断了结构的全断面,破坏了结构的整体性、稳定性、耐久性、防水性等,影响结构的正常使用。所以,应当采取一切措施,坚决避免贯穿裂缝的产生。

总之,裂缝是指固体材料中的某种不连续现象,在学术上属于结构材料强度理论的范畴。近代关于混凝土材料的细观研究及大量的工程实践所提供的经验表明:建筑结构的裂缝是不可避免的,但其危害程度是可以控制的。

1.2 大体积混凝土的特点

1.2.1 一般大体积混凝土的特点

大体积混凝土最早出现在水利水电工程中,许多科研工作者对大体积混凝土做了大量细致的研究。大体积混凝土发展至今,在理论与施工方法、方案与优化控制等各方面均已比较成熟,有关部门也做了一系列相应规定。例如,美国在 1933—1936 年建成的大古力水坝,采用柱状分缝法利用冷却水管冷却,浇筑混凝土量在百万立方米以上;高达 221.4 m 的胡佛水坝是混凝土重力拱坝,混凝土浇筑量达 250 万立方米,并且未出现结构裂缝。

大体积混凝土一般具有以下四个特点:

(1)混凝土是脆性材料,抗拉强度只有抗压强度的 1/10 左右;拉伸变形也很小,短期极限拉伸应变只有 $(0.6 \sim 1.0) \times 10^{-4}$,相当于温度降低 6~10 ℃的变形;长期加载时的极限拉伸应变也只有 $(1.2 \sim 2.0) \times 10^{-4}$。

(2)大体积混凝土结构断面尺寸比较大,混凝土浇筑后,由于水泥的水化热作用,结构内部温度急剧上升,此时弹性模量很小,徐变很大,升温引起的压力不大。当日后温度逐渐降低时,弹性模量变得较大,徐变较小,在一定约束条件下会产生相当大的抗拉应力。

(3)大体积混凝土通常是暴露在外的,表面与空气或水接触,长期如此,气温和水温的变化会引起大体积混凝土结构中相当大的抗拉应力。

(4)大体积混凝土结构通常不配钢筋或配很少的钢筋,如果出现了抗拉应力,就要靠混凝土本身来承受。

1.2.2 建筑工程大体积混凝土的特点

随着高层建筑的快速普及和建筑工程表现出高、大、深、重的发展趋势,建筑工程大体积混凝土也在快速发展。

建筑工程大体积混凝土在工程规模、结构形式、混凝土特点、配筋构造及受荷情况等方面与水利水电类工程大体积混凝土有很大差异。此外,在混凝土温度及温度应力的计算方法和采取的技术措施上,二者也有诸多差异,差异比较见表 1.1。

表 1.1　建筑工程与水利水电工程大体积混凝土差异比较

比较内容	建筑工程大体积混凝土	水利水电工程大体积混凝土
结构断面	块体薄、体积小、混凝土量小	块体厚、体积大、混凝土量大
混凝土设计标号	设计标号高,单方水泥用量大,水泥水化热较高	设计标号低,单方水泥用量小,使用低热水泥
浇筑方法	整体性要求高,结构物的混凝土要求一次浇筑	可以合理分缝分块,减少一次混凝土浇筑量

比较内容	建筑工程大体积混凝土	水利水电工程大体积混凝土
使用阶段影响	大多数结构埋置于地下或位于室内,受外界条件变化的影响较小	外界气温和水温的变化对结构有较大的影响
温控措施	常规保温养护	常用水管冷却、预冷骨料、加冰拌合

建筑工程中,大体积混凝土与一般混凝土也是不同的。大体积混凝土如具有结构厚,体积大,浇筑混凝土量大,工程条件复杂,施工技术和质量要求较高等特点,多为现浇超静定混凝土结构。

1.3 大体积混凝土温度裂缝的产生机理与影响因素

1.3.1 大体积混凝土温度裂缝的产生机理

大体积混凝土在浇筑初期,由于大量产生水泥水化热,混凝土的温度急剧上升,出现混凝土的升温阶段。混凝土是一种导热性能极差的材料,在此升温过程中,如果任其内部水化热自然散发,往往需要较长时间。特别是大体积混凝土,其结构断面尺寸比较大,内部水泥水化过程中释放的水化热不能及时传递到表面而散发,致使内部温度不断上升,表面由于散热好温度较低,产生内外温差,形成温度梯度,内部混凝土温度较高且体积膨胀较大,外部混凝土温度较低且体积膨胀较小,相互制约的结果是内部混凝土受压而外部混凝土受拉。但此时尚处在浇筑初期,混凝土弹性模量较小,徐变较大,结构对水化热引起的急剧温升的约束不大,表面引起的抗拉应力不是太大,但浇筑初期混凝土的强度较小,当表面混凝土的抗拉强度不足以抵抗这种抗拉应力时,混凝土结构表面便开始出现裂缝。与此同时,基础约束范围内的混凝土同样处于大面积抗拉应力状态,若在这些区域产生表面裂缝,则极有可能发展成为深层裂缝,甚至贯穿裂缝。

混凝土浇筑一定时间后,水泥水化热已基本释放,混凝土温度逐渐下降,即进入降温阶段。在温度逐渐降低的过程中,混凝土因降温而收缩,同时因多余水分蒸发而变形,这种收缩会受到基础或其边界原有结构的约束,不能自由变形,再加上随着混凝土龄期的增长,混凝土的弹性模量不断提高,徐变减小,对混凝土内部降温收缩的约束也就越来越大,致使混凝土内部出现较大的抗拉应力。当该抗拉应力的大小超过混凝土的极限抗拉强度时,混凝土整个截面就会产生贯穿裂缝。

大体积混凝土的配筋一般较少,如果出现抗拉应力,就要靠混凝土本身来承受。而混凝土是复杂的多相组合脆性材料,抗拉强度低,极限拉伸变形小,当抗拉应力的大小超过混凝土的抗拉强度或拉应变超过混凝土的极限拉应变时,混凝土结构就会出现裂缝,这种裂缝通常是有害的甚至是贯穿的,往往会给工程带来不同程度的危害。因此设计中要求抗拉应力较小,对其他荷载来说这不难实现,但在施工或运行期,结构中复杂的温度场将产生很大的抗拉应力。当混凝土内部温度与外界温度相差悬殊,温度梯度很大时,就容易在混凝土表面引起巨大的抗拉应力而出现开裂现象。此外,在混凝土温度达到最高后又下降时,体积随之收缩,当受到底部基础或其他边界条件约束时,又可能会产生基底垂直裂缝,或者使结构裂缝张开形成贯穿裂缝,这对于结构发挥作用和建筑物防渗都是极其不利的。另外混凝土内部复杂的温度场使得结构的内力场计算变得非常复杂。贯穿裂缝破坏了结构的整体性,从而改变了结构设计的力学基础,严重时将直接影响建筑物的安全。

由温度引起的裂缝与温度变化及结构自身的几何形状有关,温差越大、温度变化的速度越快,结构越易开裂;结构越薄越易开裂;边界条件对结构的约束作用越大,结构越易开裂。温度变化不仅能引起裂缝,而且对结构的应力状态也有重要影响:一方面,混凝土由于内外温差产生应力和应变;另一方面,结构的外约束和混凝土各质点的约束(内约束)阻止这种应变。因此,控制温度应力和温度变形裂缝的发展是大体积混凝土结构设计与施工的一个重大课题。

另外,对于大体积混凝土来说,施工阶段外界气温的快速变化也是影响温度裂缝的重要因素。这是因为外界气温越高,混凝土的浇筑温度也越高,当外界温度骤然下降时,混凝土表层温度会随着环境温度的下降迅速降低,而内部温度则缓慢降低,这会大大增加外层混凝土与内部混凝土之间的温度梯度,增大混凝土结构开裂的概率。例如,突遇寒潮时,混凝土表面温度骤降而产生很大的收缩变形,因受到内部的约束而产生很大的抗拉应力,当这种抗拉应力超过混凝土的抗裂能力时,混凝土表面就会出现裂缝。

1.3.2　大体积混凝土温度裂缝的影响因素

大体积混凝土施工阶段产生的温度裂缝是其内部矛盾发展的结果。一方面,混凝土由于内外温差产生应力和应变;另一方面,结构的外约束和混凝土各质点的约束阻止这种应变。一旦温度应力超过混凝土能承受的极限抗拉强度,就会出现不同程度的裂缝。分析大体积混凝土产生裂缝的工程实例,总结出引起温度裂缝的因素主要有以下三个:

（1）水泥水化热。水泥在水化反应过程中产生大量的热,这是大体积混凝土内部温升的主要热量来源,试验证明,每克普通硅酸盐水泥可放出热量 500 J。大体积混凝土截面较厚,水化热聚集在结构内部不易散发,使得混凝土结构内部急剧升温。水泥水化热引起的绝热温升与混凝土结构的厚度、单位体积的水泥用量、水泥品种等有关。混凝土结构越厚、水泥用量越多、水泥早期强度越高,混凝土结构的内部温升越快。大体积混凝土测温试验研究表明:水泥水化热在 1~3 天内放出的热量最多,大约占总热量的 50%;混凝土浇筑后的 3~5 天,混凝土内部的温度最高。

（2）内外约束条件。各种混凝土结构在变形中,必然受到一定的约束,阻碍其自由变形。阻碍变形的因素称为约束条件,约束分为内约束和外约束。结构产生变形时,不同结构之间的约束称为外约束,结构内部各质点之间的约束称为内约束。外约束又分为自由体、全约束和弹性约束三种。相对于水利工程大体积混凝土(如混凝土大坝),建筑工程中的大体积混凝土的体积并不算很大,它承受的温差和收缩主要是均匀温差和均匀收缩,故外约束应力占主主导地位。在全约束条件下,混凝土结构的变形量应是温差和混凝土线膨胀系数的乘积,即 $\varepsilon = \Delta T \cdot \alpha$。当 ε 超过混凝土的极限拉伸值 ε_{u} 时,混凝土结构便出现裂缝。由于结构不可能受到全约束,且混凝土有徐变,所以温差在 25~30 ℃ 的情况下,也可能不产生裂缝。由此可见,降低混凝土的内外温差和改善其约束条件是防止大体积混凝土产生裂缝的重要措施。

（3）外界气温变化。在大体积混凝土结构施工期间,外界气温的变化对防止大体积混凝土开裂有着重要的影响。混凝土的内部温度由浇筑温度、水泥水化热的绝热温升和结构的散热温度等各种温度叠加组成。浇筑温度与外界气温有直接关系,外界气温越高,混凝土的浇筑温度越高;外界气温下降,混凝土的内外温度梯度会增大,若气温骤然下降则会大大增加外层混凝土与内部混凝土的温差,产生过大的温度应力,从而使大体积混凝土出现裂缝。

1.4 大体积混凝土温度裂缝的研究现状

1.4.1 大体积混凝土裂缝控制的研究成果

裂缝控制理论研究是随着科学技术水平的提高和试验技术的完善逐步发展的。自 19 世纪起,各国科学家就开始从结构材料强度理论的角度出发,探索混凝土开裂的基本原理,最早提出的唯象理论建立在简单的基本试验的基础上,在均质、弹性、连续的假定前提下推导出材料强度的计算公式,后又引入塑性理论,为解决实际问题提供了理论依据。随着人们对材料微观结构的认识的加深,有科学家提出了混凝土结构的构造理论和分子强度理论,但这两种理论的研究还远未成熟。相比之下,热力学计算理论在计算混凝土结构内部由水化热引起的温度变化方面得到了较好的应用,并在计算得到温度场的基础上建立了合适的力学模型,求解结构的温度应力,进而决定是否需采取控制措施,这种方法在设计和施工过程中得到了普遍认可。对于边界条件比较简单的情况,国内外不少学者从热传导基本方程出发,推导出了混凝土结构温度场和应力场的理论解,并综合试验情况归纳成计算表格,便于使用。对于情况比较复杂的计算,大多采用数值解法,常用的有一维和二维差分法及有限单元法,使用这些方法可以较方便地计算温度场和温度应力。

国内外学者对结构温度裂缝问题所做的大量实验、理论和数值分析研究从未停止过:1985 年举行的第十五届国际大坝会议将混凝土的裂缝问题列为会议的四大议题之一;1992 年在美国加利福尼亚州圣迭戈第三届碾压混凝土会议上,P. K. Barrett 等创造性地把 Bazant 的弥散开裂模型引入大坝温度应力的分析;日本学者首先用有限元分析法和差分法计算坝体温度场,利用 ADINA 软件计算三维应力场,并预测了宫濑坝在施工期和运行期开裂的可能性。近年来,学者们通过大量的实验研究证明,和大体积混凝土紧密连接的应力计可以方便地测出各部位的温度应力,并断言只要与温度应力有关的材料参数的精度足够,其实测的温度应力的精度也就足够。

　　我国在大体积混凝土结构的温度应力数值分析和理论研究方面的水平一直处于世界前列,曾多次召开温控防裂会议。20世纪80年代以来,中国水利水电科学研究院、清华大学、天津大学、河海大学、西安理工大学、武汉大学、大连理工大学等都进行了大体积混凝土温度应力的攻关研究,对已建、在建和待建的大体积混凝土工程进行了温度应力的计算分析,对温度与裂缝控制进行了深入研究,取得了一批有价值的成果。

　　著名裂缝控制专家王铁梦和水工结构专家朱伯芳都系统地总结了大体积混凝土温度与裂缝控制的前期研究成果。前者侧重阐明各种工业结构的裂缝控制方法,总结了工程中已成功实施的防止出现裂缝的各种方法;后者从理论上介绍了温度场和温度应力场的计算方法,这些方法已在水工结构分析中得到广泛应用。

　　李志清等以实际工程为背景,对施工裂缝进行了研究,提出优化混凝土的材料配合比方案;王振波等认为温度裂缝研究若采用三维求解,则会限制工程应用,应采用分层板模型将三维问题简化为一维问题,求瞬态温度场的解析解,这样更加简便实用;范轴结合以往的工程经验,对大体积混凝土底板温控防裂进行分析研究,对裂缝的产生机理、主要影响因素及防控措施进行了探讨。

　　聂军洲采用 ANSYS 有限元软件,模拟混凝土入仓温度及表面保温措施对混凝土内部温度和应力的影响;乔永立结合 BP 神经网络构建了基于 BP 神经网络的温度裂缝分析模型;郦亮等利用超声波技术对不同裂缝宽度试件的灌浆修复效果进行跟踪与检测,并分析了灌浆修复过程中超声波首波波幅、声时等声学信号的特征值;董承秀为解决地下大体积混凝土充填墙体因高温产生温差裂缝而被破坏的难题,综合运用理论分析、实验测试、数值模拟、现场调研等多种研究方法,对巷旁充填墙体的高温演化规律、多场耦合作用下的破坏机理进行了系统研究;王晓卿等为防止深井沿空留巷大尺度混凝土巷旁墙体开裂破坏,通过水化热测定试验分析了充填材料的水化放热特性,在此基础上利用 ANSYS 软件模拟了巷旁墙体温度场的演化规律,理论分析了温度应力的变化特征,探讨了巷旁墙体在温度应力和采动应力双重作用下的破坏过程与机理;何顺爱等通过在施工现场埋置温度传感器对大体积混凝土放热过程进行监测,采用 COM-SOL 计算机仿真方法和神经网络预测模型对大体积混凝土内部温度变化进行了研究。

江昔平等充分利用铝塑管导热系数小、柔性变形的特点,一方面控制大体积混凝土内部的水化热,另一方面通过铝塑管的变形使大体积混凝土产生的约束应力得到足够的释放,很好地解决了大体积混凝土的温度裂缝问题;齐甄和江影霞根据变截面大体积混凝土的特点,提出利用聚丙烯纤维来提高混凝土的抗裂性能;张建基等重点研究多变截面大体积混凝土结构裂缝的产生机理和裂缝控制策略;皮全杰等提出从构造设计、结构计算、材料组成、物理力学性能及施工工艺等方面精心设计和严格执行施工方案的技术措施;崔晓燕对温度裂缝的控制和防控方法进行了探究,并提出一种 U 形垂直散热管降温措施;刘腾针对设计、施工、养护三个阶段阐述了温度裂缝的常见防治措施,从薄壁冷水循环系统、预冷拌和水和骨料、液氮冷却、补水软管等方面阐述了温度裂缝的特殊防治措施。

在温度场、温度应力场仿真分析方面,1985 年美国陆军工程师 S. B. Tatra 和 E. K. Schrader 对柳溪坝采用了一维温度场分析,这是仿真分析的先例。在国内,混凝土温度场及温度应力场的仿真计算也受到工程界的重视。朱伯芳提出了扩网并层算法;西安理工大学提出了浮动网格法;武汉大学提出了非均质单元法;大连理工大学提出了波函数法;河海大学在 1990—1992 年间结合小浪底工程完成了大体积混凝土结构的二维、三维有限元仿真程序系统(TCSAP),且开发了丰富的前后处理和图形输出技术;清华大学刘光廷应用"人工短缝"成功解决了溪柄碾压混凝土拱坝两岸的温度拉应力问题。另外,王铁梦和刘宁也都报道了仿真计算方面的成果。在应力开裂仿真计算方面,武汉大学的肖明提出了考虑外部温度变化效应的三维损伤开裂非线性有限元分析方法;陈敏林提出了估算应力方法;朱伯芳提出了并层算法和分区异步长法;刘光廷提出了大体积混凝土结构温度场的随机有限元算法;曾昭扬等系统地研究了碾压混凝土拱坝中诱导缝的等效强度、设置位置、开裂可靠性等问题;陈里红首次在温度应力仿真分析中考虑了混凝土的软化特性,并在龙滩碾压混凝土坝的温控设计中建立了一维、二维、三维有限元综合分析数值模型。上述温度场、应力场仿真分析方法一般是结合具体的工程进行研究的,尽量将温度应力、结构开裂与仿真相结合。

在工程上,国内一般采用经验公式计算大体积混凝土中心最高温度

$T_{\max}$、表面温度 $T_{b(t)}$ 及施工期温度应力 σ，经验公式具有计算简单、易于运用的特点。

1.4.2　大体积混凝土温度场的理论建模方法

纵观国内外的相关研究成果可以发现，大体积混凝土温度场建模的一般方法是根据已知初始条件和边界条件，建立并求解热传导方程，并由此得到混凝土温度场的数学模型。通常有以下几种理论建模方法。

（1）理论法。理论法如分离变量法、拉普拉斯变换法，适用于边界条件比较简单的一维温度场。对于随着时间做简谐运动的准稳定温度场，可用复变函数法。

（2）差分法。差分法是指结合问题的边界条件和初始条件，用差分代替微分的数值解法。

温度场的物理模型和数学模型以大面积混凝土底板为例，将该底板浇筑在土壤地基上，假设上部用两层草袋覆盖养护。混凝土上部水化热经草袋导热，草袋则通过空气流动散热；混凝土下部则经土壤散热。大面积混凝土底板与外界的热交换如图1.3所示。

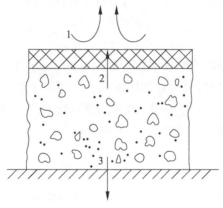

1—草袋通过空气流动散热；2—混凝土上部经草袋散热；3—混凝土下部经土壤散热。

图1.3　大面积混凝土底板与外界的热交换示意图

底板下面的土壤地基应视为半无限大物体。根据不稳定传热理论，当混凝土的温度发生变化时，受混凝土温度影响的土壤深度不是一个定值，而是随时间的增加而增加的变量。理论上来说，随着时间 t 的增加，受影响的土壤深度 z 也将不断增大。但实际上，在达到一定深度后，土壤的温度变化已经很小，在工程上可视为已经没有影响。

混凝土温度场的计算与求解实际上是一个热力学问题。分析大体积混凝土温度场时,需要根据当地气候条件、施工方法及混凝土的热力学特性,按热传导原理进行计算。

混凝土浇筑完成后,由于水泥水化热作用,其可以看成有内部热源强度、具有瞬态温度场的连续介质,即大体积混凝土温度场问题属于三维非稳态、有内热源的问题,根据能量守恒和热量守恒定律,有内热源的瞬态温度场的计算实质是对三维非稳态导热方程在特定边界条件和初始条件下的求解。其导热方程可用偏微分方程描述:

$$\rho c \frac{\partial T}{\partial t} = \frac{\partial}{\partial x}\left(K_x \frac{\partial T}{\partial x}\right) + \frac{\partial}{\partial y}\left(K_y \frac{\partial T}{\partial y}\right) + \frac{\partial}{\partial z}\left(K_z \frac{\partial T}{\partial z}\right) + f(x,y,z,t) \tag{1.1}$$

式中:ρ 为混凝土的密度,kg/m^3;c 为混凝土的比热容,$kJ/(kg \cdot K)$;T 为混凝土的瞬时温度,$℃$;t 为龄期,d;K_x,K_y,K_z 为混凝土在 x,y,z 三个方向上的导热系数,$kJ/(m \cdot ℃ \cdot d)$;$f(x,y,z,t)$ 为龄期 t 时每立方米混凝土水化热的生热率,$kJ/(m^3 \cdot d)$。

由于混凝土在 x,y,z 三个方向上的导热系数相同,设均为 K,热源的放热率也只是时间的函数而与空间变量无关,因此式(1.1)可简化为

$$\rho c \frac{\partial T}{\partial t} = K\left(\frac{\partial^2 T}{\partial x^2} + \frac{\partial^2 T}{\partial y^2} + \frac{\partial^2 T}{\partial z^2}\right) + f(t) \tag{1.2}$$

当大体积混凝土的厚度远比平面尺寸大,即大体积混凝土温度场问题是平面应力问题时,就可以忽略混凝土温度沿其长度和宽度方向的变化而只考虑沿厚度方向的变化,因此问题可简化为一维非稳态有内热源的瞬态热传导问题。这样式(1.2)就能简化为

$$\rho c \frac{\partial T}{\partial t} = K \frac{\partial^2 T}{\partial z^2} + f(t) \tag{1.3}$$

上式是空间变量 z 和时间变量 t 的一维偏微分方程,也就是我们求解一维温度场的数学模型。

为了便于施工和防止裂缝,大体积混凝土常常是分块浇筑的,每一块体称为一个浇筑块。混凝土浇筑块温度场问题严格来说是三维问题,但在实际工程中,往往被简化为平面应力问题或平面应变问题进行分析。这一方面是为了简化计算;另一方面在相当多的情况下,平面问题基本上可以反映浇筑块中应力状态的实际面貌。浇筑块的温度应力状态实际上介于平面应力与平面应变之间,偏于安全考虑,本书大多按平面应变问题

计算。

当大体积混凝土的厚度远比截面尺寸小时,可以忽略混凝土温度沿其厚度方向的变化而只考虑沿长度和宽度方向的变化,因此问题可简化为二维非稳态有内热源的瞬态热传导问题。这样式(1.2)就能简化为

$$\rho c \frac{\partial T}{\partial t} = K \left(\frac{\partial^2 T}{\partial x^2} + \frac{\partial^2 T}{\partial y^2} \right) + f(t) \tag{1.4}$$

式(1.4)是空间变量 x 和 y 及时间变量 t 的二维偏微分方程,也就是求解二维温度场的数学模型。

(3)有限元法。有限元法把求解区域划分为有限个单元并应用变分原理建模,适用于边界条件复杂的温度场。二维、三维温度场的计算采用有限元法。与差分法相比,有限元法具有下列优点:易适应不规则边界;在温度梯度大的地方,可局部加密网格;易与计算应力的有限元法程序配套,将温度场、应力场和徐变三者纳入一个统一的程序进行计算。

目前国际上针对大体积混凝土施工期温度场问题采用有限元法建模,提出了大体积混凝土基础工程施工中的温度发展预估公式,实际工程中多利用此公式实现预测。

差分法和有限元法都需要在整个求解域中划分网格,因而输入数据工作量大。对于差分法而言,在边界不规则时,还需要做较为复杂的预处理。

(4)加权残数法。加权残数法最早被应用于力学计算中,随后有研究者将其应用于温度场问题。加权残数法具有原理简明、程序简单、数据准备工作量小的特点,但由于研究尚不透彻,因此尚未像差分法和有限元法一样被工程界普遍接受。该方法在具体实施时又有全域法、边界法、内部法、子域法等多种方案,不同方案的函数选取各不相同。

1.5 大体积混凝土温度裂缝的实际解决措施

实际上,对于大体积混凝土温度裂缝问题,无论是理论解法还是数值解法,都建立在不同程度的假定的基础上,因此不可能全面客观地反映大体积混凝土裂缝发展的规律。在裂缝控制方面,更多的研究集中在如何在工程实践中采取有效措施达到防止裂缝产生的目的。

在结构工程的设计与施工中,对于大体积混凝土结构,为防止其产生温度裂缝,除需要在施工前认真进行温度计算外,还要在施工过程中采取一系列有效的技术措施。根据我国的大体积混凝土施工经验,应着重从控制混凝土温升、降低混凝土降温速度、减小混凝土收缩变形、提高混凝土极限抗拉强度、改善混凝土约束条件、完善构造设计和加强施工中的温度监测等方面采取技术措施。以上各项技术措施并不是独立的,而是相互联系、相互制约的,设计和施工中只有结合实际、全面考虑、合理采用,才能获得良好的效果。

总结国内外裂缝处理的经验,不外乎从三个方面着手:第一,原材料的选用及混凝土配方的优化;第二,施工及构造的改良;第三,温度计算与测控的优化。

1.5.1 原材料的选用及混凝土配方的优化

1.5.1.1 原材料的选用

在保证混凝土工作性能和强度的前提下,选用原材料时重点关注如何最大限度地降低混凝土的水化热,以及如何充分利用混凝土的后期强度。

(1)水泥。

由于混凝土升温的热源主要是水泥在水化反应中产生的水化热,因此,选用低热水泥(水化热较低的硅酸盐水泥)是控制混凝土温升的最根本方法。例如,强度等级为42.5 MPa 的矿渣硅酸盐水泥,其3天的水化热为180 kJ/kg;强度等级为42.5 MPa 的普通硅酸盐水泥,其3天的水化热高达250 kJ/kg;强度等级为42.5 MPa 的火山灰质硅酸盐水泥,其3天的水化热仅为同强度等级普通硅酸盐水泥的60%。

大体积混凝土在采用低热水泥的同时,还要尽可能地减少单位水泥用量以减少水化热。大量的试验资料表明,每立方米混凝土中的水泥用量增减10 kg,混凝土的温度相应地升降1 ℃。因此,为控制混凝土的温升,降低温度应力,避免出现温度裂缝,在满足混凝土强度和耐久性的前提下,应尽量减少单位水泥用量,一般普通混凝土每立方米水泥用量不应超过400 kg。

水泥的水化热是其矿物成分与细度的函数,要降低水泥的水化热,可选择适宜的矿物组成,再采用掺加混合材料、调整粉磨细度等工艺措施。

虽然水泥的细度对水化放热量的影响不大,却能显著影响其放热速率。但也不能片面地放宽对水泥的粉磨细度的要求,否则会导致混凝土强度下降过多而不得不增加单位体积混凝土中的水泥用量,这样水泥的水化放热速率虽然较小,但混凝土的放热量却会增加。因此,低热水泥的粉磨细度一般与普通水泥相差不大,只在确有需要时,才做适当调整。

(2)集料。

结构工程的大体积混凝土宜优先选用自然连续级配的优质粗集料,且要符合筛分比标准。用这种连续级配粗集料配制的混凝土具有较好的和易性和较高的抗压强度,水和水泥用量较少。配制大体积混凝土拌合物,必须寻找一切可能的方法减少水的用量,从而相应地减少水泥用量(即保持水胶比恒定不变)。为了达到这一目的,可根据施工条件尽量选用粒径较大、级配良好的石子,且要尽量选用碎石。试验表明,选用较大尺寸的粗集料配以两种或更多种较细的集料,可以组成合理的连续级配,加以捣实后,其密实度接近最大值(最小空隙率),在给定的水胶比和稠度下,水和水泥用量都有所减少。另外,据有关资料介绍,采用粒径 5~40 mm 的石子比采用粒径 5~20 mm 的石子每立方米混凝土的用水量减少 15 kg 左右,在相同水胶比的情况下,水泥用量可减少 20 kg 左右,混凝土温升可降低 2 ℃。

大体积混凝土中的细集料以采用优质的中、粗砂为宜,细度模数宜在 2.6~2.9 范围内。据有关资料介绍,当采用细度模数为 2.79、平均粒径为 0.381 mm 的中粗砂时,每立方米混凝土的水泥用量比采用细度模数为 2.12、平均粒径为 0.336 mm 的细砂少 28~35 kg,用水量少 20~25 kg,这样不仅降低了混凝土的温升,还减小了混凝土的收缩。

试验表明,集料中的含泥量是影响混凝土质量的最主要因素。集料中含泥量过大时,对混凝土的强度、干缩、徐变、抗渗、抗冻融、抗磨损及和易性等性能都会有不利的影响,尤其会增加水泥用量与混凝土的收缩,导致混凝土抗拉强度降低,这对混凝土抗裂十分不利。因此,在大体积混凝土施工中,石子的含泥量不得大于 1%,砂的含泥量不得大于 2%。

(3)掺合料。

掺合料主要指在混凝土中加入的超细矿物质粉(如粉煤灰、硅灰、超细矿渣等),其中,粉煤灰因性能优越、价格低廉而被广泛应用。

粉煤灰具有活性,可代替部分水泥,从而减少水泥用量,达到降低水化热的目的。粉煤灰颗粒呈球状,并具有"滚珠效应",可以显著改善混凝土的和易性及黏塑性,提高混凝土的可泵性,改善并提高混凝土的后期强度。以粉煤灰取代部分水泥或骨料,一般能在保持混凝土原有和易性的条件下减少单位用水量,从而提高混凝土的密实性和强度。粉煤灰越细,球形颗粒含量越高,其减水效果越好。掺粉煤灰且不减用水量,可以改善混凝土的和易性,降低混凝土的泌水率,防止离析,因此粉煤灰掺合料更适合于泵送混凝土。由于以粉煤灰取代部分水泥或细骨料能减少混凝土的用水量,降低水胶比,因此可提高混凝土的密实性及抗渗性,并改善混凝土的抗化学侵蚀性。粉煤灰还能使混凝土的干缩性减少 5% 左右,使混凝土的弹性模量提高 5%~10%。

粉煤灰的粒度组成是影响粉煤灰质量的主要指标。原煤种类、煤粉细度及燃烧条件不同,粉煤灰各种粒度相对比例可以存在很大的差异。由于球形颗粒在水泥浆体中可起润滑作用,因此在粉煤灰中如果圆滑的球形颗粒占多数,它就具有需水量小、活性高的特点。反之,如果平均粒径大,组合粒子多,需水量必然增加,其活性必然较差。一般认为,粉煤灰越细,球形颗粒越多,组合粒子越少,水化反应的界面增加越容易激发粉煤灰的活性,从而提高混凝土的强度。有人认为,粒径范围在 5~30 μm 的颗粒活性较好。《用于水泥和混凝土中的粉煤灰》(GB/T 1596—2017)中规定 I 级粉煤灰的细度以 45 μm 方孔筛筛余不超过 12% 为标准。另外,对粉煤灰进行粉磨可将粗大多孔的组合粒子打碎,较细的球形颗粒由于很难磨碎得以保持原来形状,故能有效地改善粉煤灰的质量。

粉煤灰的烧失量也是影响粉煤灰质量的重要指标。烧失量过大时,对粉煤灰的质量是有害的。未燃炭粒粗大多孔,掺入含炭量大的粉煤灰后,往往会增加混凝土的需水量,大大降低其强度。未燃尽的炭遇水后会在表面形成一层憎水薄膜,阻碍水分向粉煤灰颗粒内部渗透,从而影响 $Ca(OH)_2$ 与活性氧化物的作用,降低粉煤灰的活性。此外,未燃炭会在空气中不断氧化挥发并吸收水分,体积持续膨胀。所以,未燃炭也是混凝土体积变化及混凝土大气稳定性降低的有害因素。《用于水泥和混凝土中的粉煤灰》(GB/T 1596—2017)中规定粉煤灰烧失量为: I 级 ≤5%; II 级 ≤8%; III 级 ≤10%。

我国具有较丰富的粉煤灰资源,在混凝土中掺用粉煤灰也已有 60 多年历史。传统的做法是在大体积混凝土中掺用一定量的粉煤灰以节约水泥并降低其水化热温升,掺量一般为 10%~30%。随着人们对粉煤灰的颗粒活性与其他效应潜能认识的日渐深入,以及混凝土外加剂的迅速发展,粉煤灰的掺量也有不断增大的趋势。研究认为,如果不特别强调早期强度,那么掺入占胶凝材料量 40% 的粉煤灰是完全可以接受的。

综上,在混凝土中掺入 10%~30% 的 I 级或 II 级优质粉煤灰替代水泥,可以降低水泥的水化热,进而降低混凝土的绝对温升值。在大体积混凝土中掺加粉煤灰有等量取代法和超量取代法两种方法。前者是用等体积的粉煤灰取代水泥,取代量应非常慎重;后者是用一部分粉煤灰取代等体积水泥,超量部分粉煤灰则取代等体积砂子。超量取代法掺加粉煤灰不仅可以使混凝土的强度增加,而且可以补偿粉煤灰取代水泥导致的早期强度降低,从而保证粉煤灰掺入前后混凝土强度比较接近。

(4) 外加剂。

外加剂主要是指无须取代水泥而掺量小于 5% 的化合物。据不完全统计,全世界的化学外加剂产品有 500 种以上,日本、西欧、北欧、北美有95% 以上的混凝土掺用外加剂,我国的混凝土也广泛掺用外加剂。大体积混凝土所用的外加剂主要包括减水剂、缓凝剂及膨胀剂。

① 减水剂。减水剂中阴离子表面活性剂对水泥颗粒有明显的分散效应,可使水的表面张力降低而引起加气作用。因此在混凝土中掺加一定比例的减水剂,不仅可以改善混凝土的和易性,提高其抗渗性,而且可以减少水和水泥用量,从而降低水化热。减水剂一般也具有缓凝作用。

② 缓凝剂。在大体积混凝土中掺入缓凝剂,可以防止形成施工裂缝,并能延长可振捣的时间。大体积混凝土内水化放热不易消散,容易造成较大的内外温差,引起混凝土开裂。掺入缓凝剂可使水泥水化放热速率减慢,推迟水泥水化热峰值出现的时间,利于热量消散,使混凝土内部温升降低,这对避免产生温度裂缝是有利的。

③ 膨胀剂。大体积混凝土中掺入膨胀剂就成为补偿收缩混凝土,它能以膨胀补偿收缩。由于后浇带的后期处理较为困难,容易留下渗漏隐患,因此对于一些重要工程,国内目前多在混凝土中掺入微量膨胀剂(如AEA,UEA 等)拌成补偿收缩混凝土,使其在硬化过程中产生膨胀,并通过

约束体的作用在结构中建立少量预压应力。预压应力可以补偿混凝土中产生的一部分温度和干缩拉应力,同时提高混凝土的抗渗性。

(5) 水。

拌合用水可以采用自来水,水质应符合《混凝土用水标准》(JGJ 63—2006)的规定。

1.5.1.2 混凝土配方的优化

混凝土配方优化,是指根据原材料的性质科学地确定材料配比。例如,采用低热水泥;采用具有较好连续级配的优质粗、细集料,要求符合筛分比标准以减少水和水泥用量,且要严格控制砂、石含泥量;在混凝土中掺加超细矿物质粉(如粉煤灰、硅灰、超细矿渣等)代替部分水泥,减少水泥用量;在混凝土中掺入高效减水剂以降低水胶比,提高混凝土强度,减少水和水泥用量;在混凝土中掺入缓凝剂以减慢水泥水化放热速率,推迟水泥水化热峰值出现的时间;在混凝土中掺入适量的微膨胀剂或膨胀水泥使混凝土得到补偿收缩,减小混凝土的温度应力。

为防止大体积混凝土因内外温差过高而产生有害于混凝土结构的开裂,应充分利用混凝土后期强度,降低混凝土内部的水化热,尽可能地减少单方混凝土的水泥用量。故在配合比设计上可考虑"双掺"技术,即掺用Ⅰ、Ⅱ级优质粉煤灰以减少水泥用量,从而降低水化热峰值;掺用缓凝型减水剂以减少游离水的蒸发通道,改善混凝土的和易性,增强密实性,提高抗拉强度和极限拉伸值。另外,也可以考虑在大体积混凝土中掺加合成纤维(如杜拉纤维),使数以千万计的纤维均匀地分布在混凝土内部,防止出现混凝土温度裂缝等各种形式的裂缝。

另外,可根据结构实际承受荷载的情况对结构的强度和刚度进行复核,尽可能选用中、低强度混凝土,并在取得设计单位、监理单位和质量检查部门的认可后,用 f_{45}、f_{60} 或 f_{90} 替代 f_{28} 作为混凝土的设计强度,这样可使每立方米混凝土的水泥用量减少 $40 \sim 70$ kg,混凝土水化热温升也相应降低 $4 \sim 7$ ℃。同时,必须对配制混凝土的原材料进行取样检验及试配,通过多组试样的对比确定混凝土的最佳配合比。

1.5.2 施工及构造

1.5.2.1 "抗与放"的原则

在温度裂缝的控制中,首先要把握好"抗与放"的原则。事实上,"抗与放"的原则已经得到了非常广泛的运用。如水利工程中的"筑坝阻水"与"分江导流",抗震设计中的"刚性抗震"和"柔性抗震",铁路建设中的"有缝短轨"和"无缝长钢轨"。在结构裂缝控制过程中运用这一原则,可以使结构既不产生很大的变位,又不产生很大的应力,既确保承载力的极限状态,又满足使用极限状态,这种"抗放兼施,以放为主"的设计原则在工程中得到广泛应用。

裂缝控制中"抗"原则的主要体现为增加结构物的配筋。混凝土材料结构是非均质的,有大量不规则的应力集中点,这些点的应力首先达到抗拉极限强度,引起局部塑性变形。如果没有钢筋,结构持续受力,就会在应力集中处出现裂缝;若适当配筋,钢筋将约束混凝土的塑性变形,分担部分混凝土的内应力,推迟裂缝的出现,提升混凝土极限拉伸的性能。总之,钢筋能起到控制裂缝扩展,缩小裂缝宽度的作用。另外,改善钢筋配置也有利于防止出现大体积混凝土温度裂缝,设计方施工时应尽可能采用小直径密间距配筋。实践证明,在厚大体积混凝土中适当加配小直径密间距的温度筋对于混凝土的抗裂性能有较好的提升。

在实际工程中更多遵循"以放为主"的原则,主要采用设置伸缩缝的方法。有时为了避免永久式伸缩缝的缺点,常采用临时性伸缩缝(即后浇缝)控制裂缝,即在施工期间设置作为临时伸缩缝的后浇带,将结构分为若干段,施工后期再将其浇筑成整体,以承受约束应力。当大体积混凝土平面尺寸过大时,可适当设置后浇缝,以减小外约束力和温度作用,有利于散热及降低混凝土的内部温度,后浇缝的间距一般为 20~30 m。在伸缩缝的设置方法上,其他国家的情况也大致如此。对于"放"的原则,除可以采取以上施工技术措施外,在改善边界约束和构造设计方面还可以采取其他技术措施,如设置滑动层、缓冲层、应力缓和沟等。

1.5.2.2 混凝土的拌制与浇筑

拌制大体积混凝土时,在保证供应的前提下,应将原材料尽量放置在低温的环境中,避免日晒,必要时可通冷风预冷。同时把部分拌合用水以碎冰形式(如可能)加入混凝土拌合物中,使现场新拌混凝土的温度尽可能低,以控制混凝土的出机温度。但是,为了保证混凝土的均匀性,在搅拌终了前应使混凝土拌合物中所有的碎冰融化,因此,小冰片或挤压成饼状的冰片比碎冰块更适用。混凝土的拌制、运输必须满足连续浇筑施工及尽量降低混凝土出机温度等方面的要求。若浇筑时外界气温过高,则可以在输送管上加盖草袋并喷冷水,或者当混凝土搅拌车到场等待时给搅拌罐喷冷水,或者采取其他措施来控制混凝土的浇筑温度。另外,在施工季节的选择上,一般都避开暑期施工;在施工组织上,要制订切实可行的施工方案,部署合理周密的技术措施,实施全过程的温度监测。

浇筑方法常采用分层与分段浇筑法,使混凝土的水化热能尽快散失。大体积混凝土的浇筑方法应根据整体连续浇筑的要求,并结合结构尺寸的大小、钢筋疏密、混凝土供应等具体情况选择:全面分层,即将整体结构层分为数层进行浇筑,这种方法适用于结构平面尺寸不太大的工程,一般从外面开始,沿长边推进浇筑,也可以从中间向两端或从两端向中间同时进行浇筑;分段分层,适用于厚度较大且面积或长度也较大的工程,施工时从底层一端开始浇筑混凝土,进行到一定距离后再浇筑第二层,如此向前呈阶梯状推进浇筑;斜面分层,适用于厚度较小的工程,施工时竖向厚度一次成型。

对于分层连续浇筑,层间的间隔时间应尽量缩短,必须在前层混凝土初凝之前,完成次层混凝土浇筑,防止因间隔时间过长产生"冷缝",层间浇筑的时间间隔应不长于混凝土的初凝时间。分层连续浇筑法是目前大体积混凝土施工中普遍采用的方法,其优点是:① 便于振捣,易保证混凝土的浇筑质量;② 可以利用混凝土层面散热,对降低大体积混凝土浇筑块的温升比较有利。

大量施工现场试验证明,对浇筑后未初凝的混凝土进行二次振捣能排除混凝土因泌水在粗骨料、水平钢筋下部生成的水分和空气,提高混凝土与钢筋之间的黏结力,防止因混凝土沉落而出现裂缝,减少混凝土内部微裂,增加混凝土的密实度,使混凝土的抗压强度提升 10%~20%,同时提升混凝土的抗裂性。

1.5.2.3 混凝土的养护及后处理

正确充分的养护是大体积混凝土施工防止裂缝出现的关键环节。混凝土的养护条件包括混凝土的潮湿程度及养护温度。大体积混凝土浇筑后,加强表面的保湿、保温养护,不仅可以降低升温阶段的内外温差,防止产生表面裂缝,而且可以使水泥顺利水化,提高混凝土的极限拉伸值,防止产生过大的温度应力和温度裂缝。

潮湿养护能使混凝土尽可能地接近饱和状态,防止混凝土表面脱水产生干缩裂缝,使水化速率达到最大,提升混凝土的强度,提高混凝土的极限拉伸值,防止温度裂缝的产生。

在养护温度方面,根据原理不同将温度、温差控制的施工工艺分为降温法和保温法两大类。但无论应用哪种方法,在养护过程中均不得采用强制、不均匀的降温措施,否则,易使大体积混凝土产生裂缝。

① 降温法。即在混凝土中埋入蛇形冷却水管,在混凝土浇筑成型后,通过循环的冷却水进行降温,以降低混凝土的内外温差和内部温差,但要注意水温与混凝土温度之差应不超过 20 ℃。降温法因其适用性广、灵活性强,以及能控制混凝土内部的整体温度,在国内外大体积混凝土工程中得到了广泛应用。应该指出的是,在混凝土浇筑后的最初几天中,由于水泥水化热增加的速度很快,且混凝土的导热系数相当低,因此埋入的冷却管(初期因混凝土强度很低,不能立即通水降温)实际上起不到减缓混凝土温升的作用,另外此法会消耗较多钢材,造价过高,因此应用受到了一定限制。

② 保温法。即在混凝土成型后,利用设置模板和保温材料(常用的有草袋、锯末、湿砂、塑料布等)、碘钨灯或定时喷浇热水等方法来提高混凝土表面及四周散热面的温度。保温法控制温差的原理是利用混凝土的初始温度和水泥水化热的温升使混凝土在养护过程中的降温速率减小,这样就能减小混凝土表面与内部的温度梯度,控制混凝土的内外温差,从而防止混凝土因温差过大而变形,以至于产生温度裂缝。保温养护的目的主要是减小大体混凝土浇筑块体的内外温差,以降低混凝土块体的自约束应力和大体积混凝土浇筑块体的降温速度,充分利用后期混凝土的抗拉强度,提高混凝土承受外约束应力时的抗裂能力,达到防止和控制温度裂缝的目的。由于这种方法简便价廉,因此国内大多数大体积混凝土工程的养护采用此方法。

如果对大体积混凝土采取多种防裂措施后仍出现裂缝,那么补强灌浆就是处理大体积混凝土缺陷的一种有效可行的办法。对于大体积混凝土的温度裂缝等各种缺陷,应结合多种灌浆方法进行补强处理。在大体积混凝土补强灌浆施工过程中,当出现不吸浆现象时,不能轻易结束灌注,应当采用不同浓度的浆液试灌,取吸浆量最大的一级浆液灌注,以充分置换孔隙内的水和空气,确保混凝土中的孔隙充填密实。同时,应经常测定进浆、回浆比重,待进浆和回浆比重一致后持续灌注 30 min 再结束灌浆。

1.5.3 温度计算与测控

1.5.3.1 温度计算

大体积混凝土的温度裂缝问题是工程技术人员非常关心的问题之一,在大体积混凝土工程开工之前,无法用温度传感器进行现场实测。就目前国内大多施工单位来说,一般的工程技术人员不会用数值模拟的方法对结构物温度场进行计算。但是,由于温度裂缝的产生主要与结构物内外的最大温差有关,因此在大体积混凝土浇筑之前,为了对大体积混凝土结构物温度场的分布有一个初步的了解,保证施工质量,工程技术人员往往会利用经验公式对结构物温度情况进行计算。

具体来说,对结构物温度的计算就是对大体积混凝土的出机温度、浇筑温度、混凝土绝热温升、混凝土内部最高温度、混凝土表面温度及大体积混凝土内外最大温差进行计算。每种温度的计算都有一些经验公式,且不同的行业经验公式也不尽相同,这就要求施工时根据具体的工程背景考虑采用何种温度计算公式,必要时对其进行修正。

1.5.3.2 温度测控

在大体积混凝土施工及养护过程中,还应对水泥水化热、混凝土出机温度、混凝土浇筑温度、混凝土表面温度、混凝土内部最高温度、混凝土内外最大温差、降温速度及环境温度等进行监测,以便及时向施工人员提供信息,使他们快速了解大体积混凝土不同深度温度场升降的变化规律,随时监测混凝土内部的实际温度情况,并为施工及养护过程中及时采取温控对策提供依据。温度监测在一定程度上弥补了温度计算的不足,对于有的放矢地采取相应的技术措施,确保混凝土不产生过大的温度应力,避免温度裂缝的产生,具有非常重要的作用。

大体积混凝土施工时温度的控制主要通过对其进行纵向和横向温度的监控来实现。为了及时掌握大体积混凝土的内外温差、温度陡降情况及内部温度的变化,准确掌握大体积混凝土温度上升和下降的变化规律,严格控制混凝土内外温差小于 25 ℃,应在混凝土内部不同位置设置测温点。测温点一般沿浇筑高度布置在底部、中部和表面,垂直测点间距

一般为 50~80 cm,平面方向应布置在边缘与中间,平面测点间距一般为
2.5~5 m。选择的测温点要具有代表性,能够反映大体积混凝土各部位
的温度,内部的测温点处要埋设温度传感器,靠近表面的测温点处的温度
可用水银温度计来测定。为了准确地了解混凝土内部温度场的分布情
况,除需要按设计要求布置一定数量的温度传感器外,还要确保埋入混凝
土中的传感器具有较高的可靠性,因此必须对传感器进行封装。

在测温制度方面,应设专人进行温度监测。温度监测的原则:及时反
映温差,随时指导养护。一般在混凝土浇筑 10~20 h 后开始测温,在温度
变化大时,每 2 h 测一次,在温度变化小时,每 4~8 h 测一次。随着内部温
度趋于平稳,测温间隔时间可适当延长。为了确保整个大体积混凝土的
安全,要进行施工全过程的跟踪和监测,必要时,测温时间的长短可根据
混凝土内部温度的变化情况自行调整。另外,在监测混凝土内部温度的
同时,还应在大体积混凝土周围适当位置放置干湿温度计,以详细记录大
气的温度和湿度。测温的主要内容是测定混凝土内最高温度与表面温度
之差及测定混凝土表面温度与大气温度之差。目前,在大体积混凝土温
度、温差监测工作中引入了计算机技术,提高了监测速度与监测精度,并
可进行不间断的自动监测,实现了监测工作自动化。在程序编制中输入
最大温差控制值,可以实现温差超值声光自动报警,根据打印的检测数
据、变化曲线可以预测温度及其变化趋势,及时采取有效措施对混凝土的
内外温差、温度陡降及内部温度进行控制。

在混凝土浇筑后的最初几天,由于水泥水化热的作用,混凝土持续升
温。在初凝阶段,可紧贴混凝土表面覆盖一层塑料薄膜或用其他覆盖物
封闭混凝土中多余的拌合水,实现混凝土的自养护。覆盖厚度应根据混
凝土测温结果随时调整,在保证混凝土内外最大温差不超过 25 ℃ 的前提
下,尽量降低覆盖厚度,切实处理好保温与散热的矛盾关系。同时,养护
还应与测温相配合,根据混凝土的测温信息及气温变化情况适当调整养
护条件,以使内外温差始终控制在规定范围内。

1.6　大体积混凝土研究中存在的问题

大体积混凝土最核心的问题就是温度裂缝问题,国内已对这方面进

行研究的机构主要有中国水利水电科学研究院、清华大学、天津大学、河海大学、西安理工大学、武汉大学、大连理工大学等。尽管国内关于大体积混凝土结构温度裂缝问题的研究已取得一批有价值的成果，但是到目前为止，研究的大体积混凝土所处环境的温湿度都比较正常。相比之下，对于特殊环境下的大体积混凝土性能的研究较少，这种特殊环境对大体积粉煤灰混凝土防止温度裂缝的开展有利还是有弊，还有待进一步研究。

为了降低大体积混凝土的水化热，一般要在其中掺加粉煤灰，掺了粉煤灰的混凝土也称为粉煤灰混凝土。但很多人都这样认为，在混凝土中掺粉煤灰会降低混凝土的强度(包括 28 天后一段时间里的强度)，其他性能也会受到不同程度的影响，而且受影响的程度随着掺量的增大而加剧。这一观念影响着粉煤灰在混凝土尤其是在结构混凝土中的掺量，而且似乎形成了这样一种成见，即掺加粉煤灰是以牺牲结构混凝土的品质为代价的。甚至有些人认为掺粉煤灰而减少水泥用量的混凝土是一种假冒伪劣产品，认为掺粉煤灰是以次充好，获取经济效益。

在我国，粉煤灰在混凝土中的应用还处于起步阶段，对粉煤灰混凝土的原材料及其他性能还须进行基础性研究，粉煤灰在混凝土中的最佳掺量须通过进一步的研究来确定。

大体积混凝土最主要的问题是温度裂缝问题，要解决这一问题，必须综合考虑混凝土的水化热最大温升、结构的内外温差、温升曲线的走向特征及最高温度出现的时间，这也是国内外学者和技术人员长期关注的问题，大体积混凝土的其他问题也是紧紧围绕这些问题展开的。但是，由于大体积混凝土的工程条件比较复杂，施工情况各异，混凝土原材料的性能差别较大，因此，温度裂缝控制不是单纯的结构理论问题，而是涉及原材料的物理力学性能、大体积混凝土材料组成、结构计算、构造设计及施工工艺等多学科的综合性问题。关于大体积混凝土的内外温差控制，国内至今还没有一个明确、统一的标准。

大体积混凝土内外温差及其大小与许多因素有关，如水泥水化热单位发热量、每立方米混凝土中水泥的含量、混凝土的入模温度、混凝土浇筑时的气温及模板材料等。通过采用经验参数和简化边界条件可简化计算，但简化过程中一些难以定量考虑但又对结果有较大影响的因素被忽略了，使计算结果难以符合实际情况，不宜在实际施工生产中应用。

国内对大体积混凝土一般采用经验公式计算其中心最高温度 T_{max}、表面温度 $T_{b(t)}$ 及施工期温度应力 σ,具有简化计算、易于运用的特点。但由于在温度计算中未能考虑混凝土内部温度的连续性及连续变化的外界气温影响,同时对浇筑厚度的温降修正系数也采用经验值,因此很难确切地反映实际施工过程中温度场变化的规律。对于施工期温度应力的计算,由于假设温度场与实际的温度场不符,以及没有考虑徐变的影响,不能准确地反映出混凝土的应力场,因此,很难依据这些经验公式的计算结果对实际工程做到"了解温度应力,及时采取有效措施"。

大量的工程实践表明,由于大体积混凝土结构复杂、施工过程烦琐、附加影响因素多(如混凝土的徐变、干缩变形、自生体积变形、材料的不均匀性等),因此难以确定各个工程开裂的具体成因及其机理。在许多已建和在建的大体积混凝土结构工程中,尽管采取了许多防裂措施,但仍然会出现裂缝。

1.7　研究内容与研究意义

1.7.1　研究内容

从本书书名来看,大体积混凝土与粉煤灰混凝土是从不同的角度对混凝土进行分类的,但粉煤灰混凝土在这里是作为大体积混凝土的材料出现的,由于材料的性能会影响结构,因此,要研究大体积混凝土,就有必要先研究粉煤灰混凝土的性能。

当今应用科学和工程技术领域课题的主要研究方法包括理论分析、工程实测、物理试验、数值模拟、试验类比等。本书针对大体积粉煤灰混凝土的研究现状及笔者的研究课题,综合考虑各方面的因素及实验室现有的条件,采用数值模拟、物理试验、理论分析和工程实测相结合的方法,有针对性地依次从下面四个方面展开研究:

(1)大体积粉煤灰混凝土性能的研究:在一定的温湿度环境下,紧紧围绕如何最大限度地降低大体积混凝土水化热这一问题,分别对水泥、粗细集料、粉煤灰掺合料及外加剂等各种原材料的物理化学性能展开分析与研究,找出适合大体积粉煤灰混凝土的原材料;利用混凝土研究中的正交试验法,研究水胶比、粉煤灰掺量及膨胀剂掺量对混凝土性能的影响规律,并选择一个比较理想的混凝土配方,作为下一步研究的基础。

（2）粉煤灰混凝土与基准混凝土在强度及收缩性能方面的区别研究:在标准养护环境下,研究粉煤灰混凝土与基准混凝土在强度增长方面的区别和联系,找出粉煤灰混凝土强度的变化规律,并对粉煤灰混凝土强度的变化特点进行解释;收缩作为混凝土的变形性能,对混凝土尤其是大体积混凝土的体积稳定性有很大的影响,在不同温湿度环境下,采用对比试验的方法研究粉煤灰混凝土与基准混凝土在收缩性能方面的差异,以找出不同的温湿度环境和粉煤灰掺量对粉煤灰混凝土收缩性能的影响规律。

（3）大体积粉煤灰混凝土水闸墙温度场的研究:以实际结构为模型,通过在结构内部布置传感器来测量结构内部温度的实际分布,同时分别用经验公式和数值方法计算结构温度场,并和现场实测的温度进行对比,修正、完善经验公式,验证数值方法分析温度场的适用性。

（4）不同温湿度环境对大体积粉煤灰混凝土裂缝影响的研究:通过物理试验、数值模拟及工程实测三种方法,研究具有相同配方的大体积粉煤灰混凝土结构在不同温度环境下结构的温度场及温度应力场,以及在不同湿度环境下结构的湿度应力场,从而得出在不同温湿度环境下结构的应力场分布,确定能使结构的内外温差和应力较小有利于避免裂缝产生的温湿度环境。

1.7.2 研究意义

对大体积混凝土来说,其结构断面尺寸一般都比较大,不会出现荷载裂缝,裂缝通常是因变形产生的,特别是因温度或湿度变化所产生的裂缝。裂缝一旦形成,就会对建筑物造成不同程度的影响,它改变了设计安排的应力分布和建筑物的受力条件,削弱了挡水建筑物的抗渗性,加速了混凝土的碳化,使混凝土的碱度降低,使钢筋钝化膜被破坏,水和空气同时侵入,加速内部的配筋腐蚀,削弱混凝土的耐腐蚀性,导致混凝土结构物被破坏,结构的抗力强度降低,稳定性和耐久性被削弱。

控制因温湿度变化引起的裂缝不是单纯的结构理论问题,而是涉及原材料的物理力学性能、大体积混凝土材料组成、结构计算、构造设计、施工工艺及外界环境等多学科的综合性问题。因此,原材料对粉煤灰混凝土性能影响的试验研究,粉煤灰混凝土与基准混凝土在强度及收缩性能方面的区别研究,以及对大体积粉煤灰混凝土进行温度场、温度应力和湿度应力的计算,避免裂缝的产生,对于大体积混凝土结构的顺利施工和安全使用具有重大的实际意义。

第 2 章 大体积粉煤灰混凝土性能试验研究

优质的原材料是生产优质混凝土的前提条件。本章将从大体积混凝土原材料入手,针对大体积混凝土实际所处的高温高湿环境,紧紧围绕如何最大限度地降低混凝土的水化热,选取符合实际工程需要的大体积混凝土原材料,设计大体积粉煤灰混凝土的配合比,在某工程大体积粉煤灰混凝土的理论配合比的基础上,采用正交试验法对其进行优化,研究原材料对粉煤灰混凝土性能的影响规律,确定满足高温高湿特殊环境要求的大体积粉煤灰混凝土的材料配方,为如何优化混凝土配方积累经验。

2.1 大体积粉煤灰混凝土原材料性能试验研究

2.1.1 原材料的选用

(1) 水泥。

大体积混凝土工程宜采用低热水泥。普通硅酸盐水泥的主要特点是:早期强度高,水化热略高,抗冻性好,抗侵蚀、抗腐蚀能力稍差,干缩率较小。矿渣硅酸盐水泥的主要性能特点是:早期强度低,后期强度高;对温度敏感,适合高温养护;水化热较低,放热速度慢;具有较好的耐热性能;具有较强的抗侵蚀、抗腐蚀能力;泌水性强,干缩率大,抗冻性差。经过比较,本研究决定采用 32.5 级普通硅酸盐水泥,但必须掺粉煤灰使用,水胶比控制在 0.40 左右,从而减少水泥用量,改善混凝土的和易性,同时降低单位体积混凝土的水泥水化热量,确保混凝土块体温差不过大。

（2）粉煤灰。

粉煤灰具有活性，在混凝土的配制代替水泥，能改善混凝土的黏塑性，提高混凝土的可泵性，改善并提高混凝土的后期强度。以粉煤灰取代部分水泥或集料，一般都能在保持混凝土原有和易性的条件下减少用水量。粉煤灰还能使混凝土的干缩率降低 5% 左右，使混凝土的弹性模量提高 5%~10%。掺粉煤灰还能减少混凝土的水化热，防止大体积混凝土开裂。鉴于此，本研究拟采用 Ⅱ 级以上优质粉煤灰，且采用等量取代法取代水泥。

（3）粗细集料。

配制大体积混凝土拌合物时，必须尽可能减少水的用量，从而相应地减少水泥用量。试验表明，选用较大尺寸的粗集料配以两种或更多种较细的集料，可以组成合理级配，加以捣实后，其密实度接近最大值（最小空隙率），从而使得在给定的水胶比和稠度下，水和水泥用量都有所下降。天然石子具有很高的强度，但对大体积混凝土来说，石子本身的强度并不是最重要的。需要注意的因素是粒径、粒形、表面状况、级配及软弱颗粒和石粉含量等，这些因素既影响混凝土的强度又影响新拌混凝土的工作性能。因此，理想的石子应是干净的，颗粒尽量接近等径，针、片状颗粒尽量少，不含能与碱反应的活性组分。考虑以上各因素，本研究选用中粗石英河砂，石子选用碎石，粒径 5~31.5 mm 连续级配的优质粗集料，要求符合筛分比标准以减少水和水泥用量。此外，严格控制砂、石含泥量分别在2% 和 1% 以下。

（4）减水剂。

在大体积混凝土中，掺入一定量的引气减水剂可减少 10%~15% 的水泥用量，并引入 3%~6% 的空气，从而改善混凝土拌合物的和易性，提高混凝土的抗渗性。鉴于此，本研究拟采用 JM-Ⅷ 型高效减水剂。JM 系列混凝土外加剂由江苏省建筑科学研究院建材研究所研制开发，该产品适应性强，可适应各类型各标号水泥、粉煤灰及其他外加剂，其减水率在 10%以上，配制的混凝土具有保水性好、泌水少、不易离析等优点，能保持较好的流动性和黏聚性，是比较理想的混凝土外加剂材料。一般掺量为胶凝材料质量的 1.5%~3%，也可根据混凝土的和易性及坍落度性能要求加以控制。

（5）膨胀剂。

在大体积混凝土中掺入一定量的膨胀剂能导入 0.2~0.7 MPa 的预压应力（约束条件下），以抵消干缩或温度降低引起的抗拉应力，起到良好的补偿收缩作用，提高混凝土的抗裂能力。混凝土中掺加膨胀剂后生成大量的钙矾石，会填充、堵塞毛细孔及其他孔隙，使混凝土的总孔隙率降低，毛细孔径变小，改善混凝土的孔结构，使混凝土变得密实，从而降低混凝土的透水性。由于膨胀剂能起到良好的补偿收缩作用，掺加膨胀剂的混凝土的抗渗标号是普通混凝土的 2~5 倍，因此，本试验拟采用中国建筑材料科学研究总院研制的 U 型混凝土膨胀剂——UEA 膨胀剂。UEA 由特制的硫铝酸盐熟料和石膏共同粉磨而成，为浅灰白色粉末，相对密度 2.90，细度 5%~10%。UEA 以硫铝酸盐等无机矿物为主要成分，它们分别与水泥中的 $Ca(OH)_2$ 反应生成钙矾石（$C_3A \cdot 3CaSO_4 \cdot 32H_2O$），使混凝土产生适度膨胀，其膨胀一般持续 14 天就会基本稳定。膨胀随 UEA 掺入量的增加而增加，其掺量用内掺法计算。内掺法：实际水泥用量（c'）与膨胀剂用量（p）之和为水泥用量（c），即 $c = c' + p$，所以 UEA 掺量百分比 = $\dfrac{\text{UEA 用量}}{\text{水泥用量} + \text{UEA 用量}} \times 100\%$。即 UEA 用量可以用"替换水泥率"来表示，一般为 10%~12%。

（6）水。

拌合用水采用自来水，水质符合《混凝土用水标准》（JGJ 63—2006）。

2.1.2　原材料的试验结果

（1）水泥。大体积混凝土工程宜采用低热水泥，考虑到实际工程所处的高温、高湿、高压环境，本研究采用徐州第二水泥厂生产的 32.5 级普通硅酸盐水泥。

① 水泥的化学成分分析见表 2.1。

表 2.1　普通硅酸盐水泥的化学成分分析

化学成分	SiO_2	Al_2O_3	Fe_2O_3	CaO	MgO	TiO_2	SO_3	C_3A	碱含量	烧失量
32.5 级普通硅酸盐水泥	24.24	8.20	5.07	50.75	3.57	0.48	2.32	13.13		4.20

② 水泥的性能指标见表 2.2。

表 2.2　普通硅酸盐水泥的性能指标

标号	细度/%	标准稠度用水量/%	凝结时间/min		安定性	抗压强度/MPa		抗折强度/MPa	
			初凝	终凝		3 d	28 d	3 d	28 d
32.5	6.1	27.3	180	310	合格	16.03	37.86	3.13	7.06

（2）砂子。砂子采用徐州邳州市产的石英河砂。

① 砂颗粒级配试验结果见表 2.3。

表 2.3　砂颗粒级配试验结果

级配情况	级配区	累计筛余（按质量计）/%						
		筛孔尺寸（方孔筛）/mm						
		0.15	0.30	0.60	1.18	2.36	4.75	9.50
连续级配	Ⅱ区	97.6	82.4	41.4	17.2	7.0	2.0	0

结论：根据国家标准，砂的细度模数 $M_x = 2.40$。级配区Ⅱ区，为中砂。

② 砂颗粒级配曲线图（见图 2.1）。

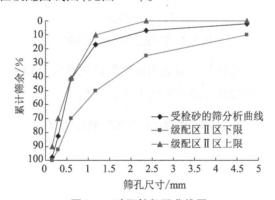

图 2.1　砂颗粒级配曲线图

（3）碎石。碎石由徐州汉王采石厂生产，为得到 5~31.5 mm 连续级配碎石，将粒径 5~16 mm 的碎石和粒径 16~31.5 mm 的碎石各掺 50% 进行人工级配，然后对其进行筛分析试验。

① 碎石颗粒级配试验结果见表 2.4。

表 2.4　碎石颗粒级配试验结果

级配情况	公称粒级/mm	筛余(按质量计)/%	筛孔尺寸(方孔筛)/mm							
			2.36	4.75	9.50	16.0	19.0	26.5	31.5	37.5
连续级配	5~31.5	分计筛余	0.75	27.79	27.03	7.32	27.22	7.46	1.95	0
		累计筛余	99.52	98.77	70.98	43.95	36.63	9.41	1.95	0

结论:根据国家标准,碎石符合 5~31.5 mm 连续级配的要求。

② 碎石颗粒级配曲线图(见图 2.2)。

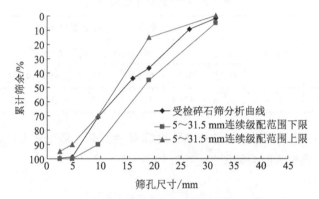

图 2.2　碎石颗粒级配曲线图

(4)粉煤灰。粉煤灰采用徐州华润粉煤灰开发公司生产的Ⅱ级优质粉煤灰。粉煤灰质量指标的试验结果见表 2.5。

表 2.5　粉煤灰质量指标的试验结果

质量指标	细度(0.045 mm 方孔筛的筛余量)/%	需水量比/%	烧失量/%	SO_3 含量/%	含水量/%
试验结果	11.2	103	1.98	0.34	0.09

结论:根据国家标准《用于水泥和混凝土中的粉煤灰》(GB/T 1596—2017),该粉煤灰为Ⅱ级粉煤灰。

(5)减水剂。减水剂采用南京道鹭建设材料厂生产的 JM-Ⅷ高效减水剂。减水率是指在坍落度相同的情况下,掺外加剂混凝土和基准混凝土单位用水量之差与基准混凝土单位用水量之比,按下式计算。具体有关物理参数见表 2.6。

$$W_R = \frac{W_0 - W_1}{W_0} \times 100\%$$

式中：W_R 为减水率，%；W_0 为基准混凝土单位用水量，kg/m^3；W_1 为掺外加剂混凝土单位用水量，kg/m^3。

表 2.6　JM-Ⅷ高效减水剂物理参数

项目	固含量/%	密度/ ($g \cdot mL^{-1}$)	水泥净浆 流动度/mm	减水率/%	1h 坍落度 损失率/%
指标	39.17	1.216	216	19.7	13

（6）膨胀剂。膨胀剂采用某混凝土外加剂厂生产的 UEA-MN 混凝土膨胀剂。

UEA-MN 膨胀剂按适当比例掺入混凝土中，在约束条件下，可以提高混凝土的抗裂、抗渗性能。该膨胀剂是我国一种新型的膨胀剂，具有优越的技术和经济性能。

UEA 膨胀剂粉末细度为 0.08 mm，方孔筛筛余量不大于 6%。当 UEA 膨胀剂的内掺量为 15% 时，其抗压强度大于不掺膨胀剂时的抗压强度，且可产生 0.2~0.7 MPa 的自应力。掺 UEA 膨胀剂的混凝土的抗渗性能与不掺相比可提高 2 倍，UEA 膨胀剂是优良的防渗结构材料。UEA 膨胀剂适用于各种水泥，对钢筋无锈蚀作用，对混凝土和钢筋的黏结力无不良影响。

2.2　大体积粉煤灰混凝土的配合比设计

根据大体积混凝土水闸墙实际工程的设计要求，本研究所用的混凝土强度统一取为 C28，混凝土的强度保证率为 95%，其配合比设计过程如下。

（1）确定配制强度。

$$f_{cu,0} = f_{cu,k} + 1.645\sigma = 28 + 1.645 \times 5 = 36.225 \text{ MPa}$$

式中：$f_{cu,0}$ 为混凝土的配制强度，MPa；$f_{cu,k}$ 为混凝土设计强度等级的抗压强度标准值，MPa；σ 为混凝土强度标准差，取 5。

（2）初步确定水胶比。

$$f_{ce} = \gamma_c \cdot f_{ce,g} = 1.13 \times 32.5 = 36.725 \text{ MPa}$$

$$W/C = \frac{\alpha_a f_{ce}}{f_{cu,0} + \alpha_a \alpha_b f_{ce}} = \frac{0.46 \times 36.725}{36.225 + 0.46 \times 0.07 \times 36.725} \approx 0.45$$

式中：f_{ce} 为胶凝材料 28 天胶砂强度，MPa；γ_c 为掺合料影响系数；α_a 和 α_b 为回归系数。

为保证施工强度选定水胶比为 0.43，满足最大水胶比限值的要求。

（3）确定每立方米混凝土用水量（m_{wa}）。

按泵送混凝土坍落度的要求，将混凝土拌合物的坍落度控制在 160 ± 10 mm。已知碎石最大粒径为 31.5 mm，当坍落度为 75~90 mm 时，未加减水剂时的总用水量 $m_{w0} = 205$ kg/m^3，且坍落度每增大 20 mm，用水量增加 5 kg/m^3。因此，要达到要求的坍落度，需水量为 205+5×4 = 225 kg/m^3。减水剂的减水率 β 可按 15% 考虑，实际用水量为 $m_{wa} = m_{w0}(1-\beta) = 225 \times (1-15\%) = 191$ kg/m^3。

（4）确定每立方米混凝土水泥用量（m_{c0}）。

$$m_{c0} = \frac{m_{wa}}{W/C}(1-f) = \frac{191}{0.43}(1-0.3) \approx 311 \text{ kg/m}^3，满足耐久性要求。$$

式中：f 为粉煤灰掺量，取 30%。

（5）计算粉煤灰取代水泥量（m_{fs}）。

粉煤灰采用等量取代法取代水泥，暂时假设粉煤灰掺量为 30%。粉煤灰按 30% 等量取代水泥，$m_{fs} \approx 133$ kg/m^3。水泥和粉煤灰总量为 444 kg/m^3，满足最小水泥用量 300 kg/m^3 的要求。

（6）初步确定砂率。

综合考虑各因素，取 $S_p = 0.38$。

（7）计算 JM-Ⅷ高效减水剂用量（m_{bs}）。

$m_{bs} = 444 \times 1.5\% = 6.66$ kg/m^3。

（8）计算粗细骨料用量。

按重量法，假定粉煤灰混凝土拌合物的表观密度为 2 350 kg/m^3，则

$$\begin{cases} 444 + m_{g0} + m_{s0} + 191 = 2\ 350 \\ \dfrac{m_{s0}}{m_{s0} + m_{g0}} = 0.38 \end{cases}$$

解得 $m_{g0} \approx 1\ 063\ \text{kg/m}^3, m_{s0} \approx 652\ \text{kg/m}^3$。

理论配合比为 $m_{c0} : m_{fs} : m_{s0} : m_{g0} : m_{bs} : m_{wa} = 311 : 133 : 652 : 1\ 063 : 6.66 : 191$。

(9)若在混凝土内加入膨胀剂,设膨胀剂掺量百分比为 a,每立方米混凝土膨胀剂内掺量为 x,则 $x/311 = a$,由此得 $x = 311a$,即每立方米混凝土膨胀剂内掺量为 $311a$,由于用膨胀剂等量取代水泥,因此每立方米混凝土水泥用量调整为 $311(1-a)$。

2.3 大体积粉煤灰混凝土的正交试验

大体积粉煤灰混凝土配合比在实践基础上通过正交试验方法来确定。正交试验是在概率论和数理统计的基础上,分析多因素试验的数学方法,该方法简单易行,灵活多样,效果良好,非常适合混凝土配合比试验。

对混凝土性能变化规律的研究涉及的影响因素众多,试验周期长,测量数据离散,试验工作繁重,如果试验安排得不科学,往往做了大量试验却得不到预期的效果,劳而无获。采用正交试验设计来安排试验,只要做少量试验就可以得到正确的结论和较好的效果,事半功倍。

2.3.1 试验方案的设计

根据前面的分析,试验中主要考虑水胶比、粉煤灰掺量和膨胀剂掺量三个因素对混凝土性能的影响。由前面的计算可知,理论水胶比约为 0.43,所以水胶比取 0.41、0.43、0.45 三种情况;粉煤灰掺量取胶凝材料用量的 20%、30%、40% 三种情况;膨胀剂掺量用"内掺法"计算,以"替换水泥率"来表示,考虑 10%、5%、0 三种情况。将配好的混凝土放在温度为 20±3 ℃,相对湿度 90% 以上的标准养护室中养护。

将三因素三水平的正交试验设计各因素和水平列于表 2.7。为方便起见,水胶比、粉煤灰掺量、膨胀剂掺量三因素分别用代号 A、B、C 表示。查正交试验表,该研究可采用三水平正交试验表 $L_9(3^4)$,见表 2.8,共需九组试验。综合考虑各因素,砂率 S_p 取 0.38。减水剂采用南京道鹭建设材料厂生产的 JM-Ⅷ高效减水剂,以掺入胶凝材料的 1.5%($6.66\ \text{kg/m}^3$)为起点,根据高效减水剂用量控制粉煤灰混凝土的和易性和坍落度,将混凝土坍落度控制在 160±10 mm。

表 2.7　三因素三水平正交试验的因素与水平

水平	因素		
	水胶比(A)	粉煤灰掺量(B)/% （占胶凝材料总量的百分比）	膨胀剂掺量(C)/% （以"替换水泥率"表示）
1	0.41	20	10
2	0.43	30	5
3	0.45	40	0

表 2.8　三水平正交试验表 $L_9(3^4)$

试验号	1 列	2 列	3 列	4 列
1	1	1	1	1
2	1	2	2	2
3	1	3	3	3
4	2	1	2	3
5	2	2	2	1
6	2	3	1	2
7	3	1	3	2
8	3	2	1	3
9	3	3	2	1

把正交试验因素与水平表 2.7 翻译到三水平正交试验表 2.8 中，得到与大体积粉煤灰混凝土配方有关的正交试验表 2.9。

表 2.9　正交试验表

试验号	水胶比 (A)	粉煤灰掺量(B)/% （占胶凝材料总量）	膨胀剂掺量(C)/% （以"替换水泥率"表示）	4 列
1	0.41(1)	20(1)	10(1)	(1)
2	0.41(1)	30(2)	5(2)	(2)
3	0.41(1)	40(3)	0(3)	(3)
4	0.43(2)	20(1)	5(2)	(3)
5	0.43(2)	30(2)	0(3)	(1)
6	0.43(2)	40(3)	10(1)	(2)

续表

试验号	水胶比 （A）	粉煤灰掺量（B）/% （占胶凝材料总量）	膨胀剂掺量（C）/% （以"替换水泥率"表示）	4列
7	0.45(3)	20(1)	0(3)	(2)
8	0.45(3)	30(2)	10(1)	(3)
9	0.45(3)	40(3)	5(2)	(1)

从表 2.9 可以看出，用正交表安排试验有以下三个特点：

（1）对于 3 个因素、3 个水平，可以有 3×3×3＝27 个不同的试验条件，而表 2.9 只取 9 个，即只需做 9 组试验，因此试验次数大大减少。

（2）各因素的各水平在试验中出现的次数相同。例如，水胶比 0.43 在 4、5、6 试验中，粉煤灰掺量 30% 在 2、5、8 试验中，等等。它们所出现的次数相等，均为 3 次。

（3）任何两个因素各种不同水平的搭配在试验中均出现了，并且出现的次数相同。

因此，正交试验法安排的试验方案是具有代表性的，能够比较全面地反映各因素、各水平对试验指标影响的大致情况，同时，这也是用正交法安排试验时能减少试验次数的原因。最后得到各组混凝土的基准配合比，见表 2.10。

表 2.10　粉煤灰混凝土的基准配合比

试验号	混凝土原材料用量 /（kg·m⁻³）							W/C
	水	水泥	膨胀剂	粉煤灰	砂	碎石	减水剂	
1	182	319	36	89	652	1 063	6.66	0.41
2	182	295	16	133	652	1 063	6.66	0.41
3	182	266	0	178	652	1 063	6.66	0.41
4	191	337	18	89	652	1 063	6.66	0.43
5	191	311	0	133	652	1 063	6.66	0.43
6	191	239	27	178	652	1 063	6.66	0.43
7	200	355	0	89	652	1 063	6.66	0.45
8	200	280	31	133	652	1 063	6.66	0.45
9	200	253	13	178	652	1 063	6.66	0.45

2.3.2 试验方法

2.3.2.1 混凝土的拌制

对于大体积粉煤灰混凝土,为保证拌合质量,必须用强制式搅拌机搅拌或人工搅拌。泵送大体积粉煤灰混凝土制备主要采用"普通硅酸盐水泥+粉煤灰矿物掺合料+高效减水剂"。其中,高效减水剂的加入是大体积粉煤灰混凝土在较低水胶比条件下获得较高流动性的主要原因。高效减水剂的掺加技术主要有先于水掺入、与水同时掺入、滞后于水掺入三种,即所谓的减水剂先掺、同掺和后掺法,三种方法的工艺流程分别如图2.3所示。《混凝土外加剂及其应用手册》认为:减水剂掺量较大时,拌合物的保水性较差,容易离析,采用后掺法混凝土的流动性及抗压强度均优于同掺法和先掺法,因此建议高效减水剂采用后掺法。当减水剂采用后掺法时,应适当延长减水剂加入时的滞水时间,但不能过长。试验表明:将滞水时间控制在 5 min 左右对混凝土的流动性和强度最为有利。同种减水剂以液剂形态掺入时混凝土的流动性明显优于以粉剂形式掺入时混凝土的流动性,而二者的抗压强度相当。为提高减水剂效率并减少坍落度损失,本试验采用液剂 JM−Ⅷ减水剂后掺法。

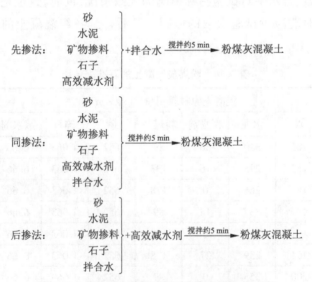

图 2.3 减水剂先掺、同掺和后掺法的工艺流程

2.3.2.2 稠度试验(坍落度法)

该法适用于骨料粒径不大于 40 mm、坍落度不小于 10 mm 的混凝土拌合物的稠度测试。

（1）试验设备：坍落度筒，底部直径 200±2 mm，顶部直径 100±2 mm，高度 300±2 mm；捣棒，直径 16 mm、长 600 mm 的钢棒。

（2）试验步骤：先湿润筒体，放置在水平板上，使其保持位置固定；将混凝土试样分三层装入筒内，使得捣实后每层的厚度大约为筒高的 1/3，每层插捣 25 次左右；清除筒边及底板上的混凝土，垂直平稳地提起坍落度筒，在 5~10 s 内完成提起过程；求出筒高与坍落后混凝土试体最高点之差，即为坍落度值，如图 2.4 所示。

（3）结果评定：坍落度筒提离后，若混凝土发生坍塌，则说明该混凝土的和易性不好；用捣棒在混凝土锥体侧面轻轻敲打，如果锥体慢慢下沉，表示黏聚性良好，如果锥体坍塌，表示混凝土黏聚性不好；坍落度筒提起后，若有较多的稀浆从底部析出，部分混凝土因失浆而骨料外露，则表明混凝土拌合物保水性较差。混凝土拌合物和易性的观察情况如图 2.5 所示。

图 2.4　坍落度试验

图 2.5　拌合物的和易性观察

2.3.2.3　立方体抗压强度试验

主要测试混凝土试件各龄期的抗压强度，观察混凝土强度随时间的变化情况。将搅拌好的混凝土振捣成型，如图 2.6 所示。试块拆模后对其进行编号，如图 2.7 所示。

图 2.6 混凝土成型

图 2.7 试块编号

（1）试验设备：试模（100 mm×100 mm×100 mm）；压力试验机（精度不低于±2%，试验时根据试件最大荷载选择压力试验机量程，使试件破坏时的荷载位于全量程的 20%~80%），本试验采用 YE-2000 型液压式压力试验机，如图 2.8 所示；捣棒；最小刻度为 1 mm 的钢尺。

图 2.8 YE-2000 型液压式压力试验机

（2）试验步骤：先将试件擦拭干净，测量其尺寸，计算试件的承压面积 A；将试件放在试验机的下压板上，试件的承压面应与成型时的顶面垂直；试验应均匀连续加载，加荷速度与混凝土强度等级有关，混凝土强度等级低于 C30 时，取 0.3~0.5 MPa/s，等于或高于 C30 时，取 0.5~0.8 MPa/s。当试件接近被破坏而迅速变形时，应停止调整试验机油门，记录破坏荷载 P，试块破坏后残存的棱锥体如图 2.9 所示。

图 2.9　试块破坏后残存的棱锥体

（3）结果计算：混凝土抗压强度按下式计算。

$$f_{cc} = \frac{P}{A}$$

式中：f_{cc} 为混凝土抗压强度，MPa；P 为破坏荷载，N；A 为试件承压面积，mm^2。

按龄期分不同的试验组，每组三个试件，以三个试件测定值的算术平均值乘以 0.95 的强度折减系数作为该组试件的抗压强度（精确至 0.1 MPa）。若三个测定值中的最大值或最小值与中间值的差超过中间值的 15%，则把最大及最小值一并舍去，取中间值作为该组试件的抗压强度；若最大值和最小值与中间值的差均超过中间值的 15%，则该组试件的试验结果无效，不能作为强度评定的依据。

2.3.3　试验指标的测定

根据表 2.10 中由正交试验得出的九个配方对混凝土进行试配，每个配方拌制 15 L 混凝土，测定其坍落度，同时观察其黏聚性和保水性，并将黏聚性和保水性情况用优、良、中、差表示。考虑到正交试验设计中衡量试验效果的好坏必须用定量指标，因此，分别用 100、80、60、40 表示优、良、中、差。

每个配方打四组试块，放在标准养护室内养护，同时测定其初凝、终凝时间，并分别在 3 d，7 d，28 d，60 d 对试块进行试压，记录每个配方的各个试块在一定时间内的强度值。

试验指标的测定结果见表 2.11。

表 2.11　试验指标的测定结果

试验号	试验日期	拌合时间	坍落度/mm	黏聚性	保水性	初凝/h	终凝/h	抗压强度/MPa			
								3 d	7 d	28 d	60 d
			x_i	y_i	z_i	t_i	T_i	P_{1i}	P_{2i}	P_{3i}	P_{4i}
1	2004-10-27	AM 9:30	150	80	80	9~11	11~13	10.74	19.10	28.79	35.87
2	2004-10-27	AM 10:30	150	100	100	10~12	12~14	9.60	16.66	25.27	32.11
3	2004-10-27	AM 11:00	170	100	100	11~13	13~15	9.60	14.63	26.47	35.52
4	2004-10-29	AM 10:30	160	100	100	9~11	11~13	9.50	16.91	27.01	36.51
5	2004-11-02	AM 9:00	160	100	100	10~12	12~14	10.55	15.77	27.84	36.42
6	2004-10-29	AM 11:00	170	80	80	11~13	13~15	6.27	11.08	19.79	30.27
7	2004-10-30	AM 10:30	170	80	60	9~11	11~13	8.87	14.66	24.48	33.52
8	2004-10-30	AM 11:00	175	60	60	10~12	12~14	6.84	12.32	20.84	28.59
9	2004-10-30	AM 11:30	180	60	60	11~13	13~15	6.52	11.05	20.71	29.20

2.3.4　试验结果分析

正交试验的结果分析主要有两种方法:一种是极差分析法,或称为直观分析法;另一种是方差分析法。本试验采用极差分析法,首先将试验结果列于各个表中,然后按一定的规则进行数据整理(行数为 i,列数为 j),具体计算见后续各表。每个表中的符号含义如下:

K_i(第 j 列)＝第 j 列中数字"i"所对应的试验指标之和;

$$\overline{K_i}(第\,j\,列)＝\frac{K_i(第\,j\,列)}{第\,j\,列中"i"的重复次数};$$

极差 ω(第 j 列)＝第 j 列各个 $\overline{K}$ 中,最大值与最小值之差。

为简化计算,可先将试验指标值减去一常数 c,再按上述规则计算,所得极差是相同的。

同一列的 K_i 之和等于全部试验指标的总和,可用于计算校核。

(1)和易性分析。

和易性包括流动性、黏聚性和保水性三方面。流动性用坍落度来表示,坍落度是表征新拌混凝土性能的重要指标,它直接影响混凝土的工作性能,各种配方流动性的好坏见表 2.11。由表 2.11 可以看出,坍落度最高达 180 mm,大部分在 150 mm 以上,基本上达到流态混凝土的要求;而且随着水胶比和矿物掺量的增大,混凝土坍落度呈上升趋势。其原因主要有以下几个方面:粉煤灰的密度较水泥和集料小,用粉煤灰等量取代水泥后,混凝土拌合物中浆体的体积含量大大增加,拌合物的和易性和成型性能得到改善,掺入粉煤灰弥补了原来水泥用量太少带来的缺点;这些微小的颗粒分散在水泥颗粒之间,客观上起到了物理分散作用,使整个水化反应的速度减慢;粉煤灰及其他矿物颗粒表面光滑致密,呈球状,在新拌混凝土中具有轴承效果,可大大提高水泥浆体的流动性。

　　黏聚性和保水性都用极差分析法。首先将试验结果分别列于表 2.12和表 2.13,然后按一定的规则进行数据整理(行数为 i,列数为 j),计算过程分别如表 2.12 和表 2.13 所示。

　　极差值反映了因素变化时试验指标变化的幅度,比较各列的极差,极差大表示在这个水平变化范围内造成的差别大,是影响试验指标的主要因素,极差小的则是次要因素。

　　空列的极差代表试验误差,当空列有两列或两列以上时,对于等水平且无交互作用的正交试验,可以将所有空列的极差合并求其平均值,作为对试验误差更精确的估计。

表 2.12　黏聚性极差分析

试验号	水胶比 (A)	粉煤灰掺量(B)/%(占胶凝材料总量百分比)	膨胀剂掺量(C)/%(以"替换水泥率"表示)	4 列	黏聚性	
					y_i	$k_i = y_i - 80$
1	0.41(1)	20(1)	10(1)	(1)	80	0
2	0.41(1)	30(2)	5(2)	(2)	100	20
3	0.41(1)	40(3)	0(3)	(3)	100	20
4	0.43(2)	20(1)	5(2)	(3)	100	20
5	0.43(2)	30(2)	0(3)	(1)	100	20
6	0.43(2)	40(3)	10(1)	(2)	80	0
7	0.45(3)	20(1)	0(3)	(2)	80	0
8	0.45(3)	30(2)	10(1)	(3)	80	0
9	0.45(3)	40(3)	5(2)	(1)	60	−20

试验号	水胶比（A）	粉煤灰掺量（B）/%（占胶凝材料总量百分比）	膨胀剂掺量（C）/%（以"替换水泥率"表示）	4列	黏聚性	
					y_i	$k_i = y_i - 80$
K_1	40	20	0	0		
K_2	40	40	20	20		
K_3	−20	0	40	40		$\sum k_i = 60$
$\overline{K_1}$	13.33	6.67	0.00	0.00		
$\overline{K_2}$	13.33	13.33	6.67	6.67		
$\overline{K_3}$	−6.67	0.00	13.33	13.33		
ω	20.00	13.33	13.33	13.33		

由表 2.12 可知,水胶比的极差较大,粉煤灰掺量和膨胀剂掺量的极差较小。这说明对黏聚性而言,水胶比是主要的影响因素,粉煤灰掺量和膨胀剂掺量是次要的影响因素,因素的主次顺序为:水胶比→粉煤灰掺量→膨胀剂掺量。

表 2.13 保水性极差分析

试验号	水胶比（A）	粉煤灰掺量（B）/%（占胶凝材料总量百分比）	膨胀剂掺量（C）/%（以"替换水泥率"表示）	4列	保水性	
					z_i	$k_i = z_i - 80$
1	0.41(1)	20(1)	10(1)	(1)	80	0
2	0.41(1)	30(2)	5(2)	(2)	100	20
3	0.41(1)	40(3)	0(3)	(3)	100	20
4	0.43(2)	20(1)	5(2)	(3)	100	20
5	0.43(2)	30(2)	0(3)	(1)	100	20
6	0.43(2)	40(3)	10(1)	(2)	80	0
7	0.45(3)	20(1)	0(3)	(2)	60	−20
8	0.45(3)	30(2)	10(1)	(3)	60	−20
9	0.45(3)	40(3)	5(2)	(1)	60	−20

续表

试验号	水胶比（A）	粉煤灰掺量（B）/%（占胶凝材料总量百分比）	膨胀剂掺量（C）/%（以"替换水泥率"表示）	4列	保水性	
					z_i	$k_i = z_i - 80$
K_1	40	0	-20	0		
K_2	40	20	20	0		
K_3	-60	0	20	20		
$\overline{K_1}$	13.33	0.00	-6.67	0.00	$\sum k_i = 20$	
$\overline{K_2}$	13.33	6.67	6.67	0.00		
$\overline{K_3}$	-20.00	0.00	6.67	6.67		
ω	33.33	6.67	13.33	6.67		

　　由表 2.13 可知,水胶比的极差较大,膨胀剂掺量的极差次之,粉煤灰掺量的极差最小。这说明对保水性而言,水胶比是主要的影响因素,膨胀剂掺量和粉煤灰掺量是次要的影响因素,因素的主次顺序为:水胶比→膨胀剂掺量→粉煤灰掺量。

　　为了更直观地分析试验成果,对于黏聚性和保水性的极差计算结果分别以各因素的诸水平为横坐标,以平均试验指标 $\overline{K_i}$ 加常数 c 为纵坐标,作图如图 2.10 至图 2.12 所示。

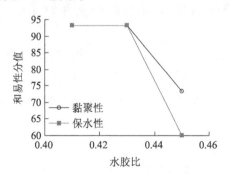

图 2.10　水胶比单因素对和易性的影响

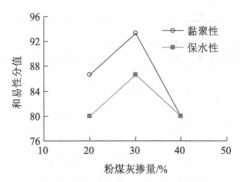

图 2.11　粉煤灰掺量单因素对和易性的影响

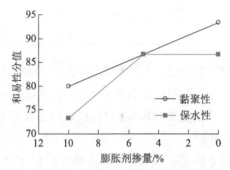

图 2.12　膨胀剂掺量单因素对和易性的影响

由图 2.10 至图 2.12 可知,对于黏聚性而言,最佳组合条件为 $A_1B_2C_3$ 和 $A_2B_2C_3$;对于保水性而言,最佳组合条件为 $A_1B_2C_2$,$A_1B_2C_3$,$A_2B_2C_2$ 和 $A_2B_2C_3$。

综上,对于流动性而言,由表 2.11 可知所有配方都满足流动性要求;对于黏聚性和保水性而言,最佳组合条件只有 $A_1B_2C_3$ 或 $A_2B_2C_3$,其中,$A_2B_2C_3$ 就是本试验的 5 号试验,即水胶比为 0.43,粉煤灰掺量为 30%,不掺膨胀剂。

（2）抗压强度分析。

对于混凝土试块的抗压强度,主要对 3 d,7 d,28 d 及 60 d 的强度情况进行测量。下面将分别对四种不同龄期的强度指标进行极差分析,首先将试验结果分别列于表 2.14 至表 2.17,然后进行数据整理（行数为 i,列数为 j）,计算过程分别见表 2.14 至表 2.17。

表 2.14　3 d 强度极差分析

试验号	水胶比(A)	粉煤灰掺量(B)/%(占胶凝材料总量百分比)	膨胀剂掺量(C)/%(以"替换水泥率"表示)	4 列	3 d 强度/MPa P_{1i}	$k_i = P_{1i}-5$
1	0.41(1)	20(1)	10(1)	(1)	10.74	5.74
2	0.41(1)	30(2)	5(2)	(2)	9.60	4.60
3	0.41(1)	40(3)	0(3)	(3)	9.60	4.60
4	0.43(2)	20(1)	5(2)	(3)	9.50	4.50
5	0.43(2)	30(2)	0(3)	(1)	10.55	5.55
6	0.43(2)	40(3)	10(1)	(2)	6.27	1.27
7	0.45(3)	20(1)	0(3)	(2)	8.87	3.87
8	0.45(3)	30(2)	10(1)	(3)	6.84	1.84
9	0.45(3)	40(3)	5(2)	(1)	6.52	1.52
K_1	14.94	14.11	8.85	12.81		
K_2	11.32	11.99	10.62	9.74		
K_3	7.23	7.39	14.02	10.94	$\sum k_i = 33.49$	
$\overline{K_1}$	4.98	4.70	2.95	4.27		
$\overline{K_2}$	3.77	4.00	3.54	3.25		
$\overline{K_3}$	2.41	2.46	4.67	3.65		
ω	2.57	2.24	1.72	1.02		

表 2.15　7 d 强度极差分析

试验号	水胶比(A)	粉煤灰掺量(B)/%(占胶凝材料总量百分比)	膨胀剂掺量(C)/%(以"替换水泥率"表示)	4 列	7 d 强度/MPa P_{2i}	$k_i = P_{2i}-10$
1	0.41(1)	20(1)	10(1)	(1)	19.10	9.10
2	0.41(1)	30(2)	5(2)	(2)	16.66	6.66
3	0.41(1)	40(3)	0(3)	(3)	14.63	4.63
4	0.43(2)	20(1)	5(2)	(3)	16.91	6.91

续表

试验号	水胶比 (A)	粉煤灰掺量(B)/%(占胶凝材料总量百分比)	膨胀剂掺量(C)/%(以"替换水泥率"表示)	4列	7 d强度/MPa	
					P_{2i}	$k_i = P_{2i}-10$
5	0.43(2)	30(2)	0(3)	(1)	15.77	5.77
6	0.43(2)	40(3)	10(1)	(2)	11.08	1.08
7	0.45(3)	20(1)	0(3)	(2)	14.66	4.66
8	0.45(3)	30(2)	10(1)	(3)	12.32	2.32
9	0.45(3)	40(3)	5(2)	(1)	11.05	1.05
K_1	20.39	20.67	12.50	15.92		
K_2	13.76	14.75	14.62	12.40		
K_3	8.03	6.76	15.06	13.86	$\sum k_i =$ 42.18	
$\overline{K_1}$	6.80	6.89	4.17	5.31		
$\overline{K_2}$	4.59	4.92	4.87	4.13		
$\overline{K_3}$	2.68	2.25	5.02	4.62		
ω	4.12	4.64	0.85	1.17		

表 2.16　28 d 强度极差分析

试验号	水胶比 (A)	粉煤灰掺量(B)/%(占胶凝材料总量百分比)	膨胀剂掺量(C)/%(以"替换水泥率"表示)	4列	28 d强度/MPa	
					P_{3i}	$k_i = P_{3i}-20$
1	0.41(1)	20(1)	10(1)	(1)	28.79	8.79
2	0.41(1)	30(2)	5(2)	(2)	25.27	5.27
3	0.41(1)	40(3)	0(3)	(3)	26.47	6.47
4	0.43(2)	20(1)	5(2)	(3)	27.01	7.01
5	0.43(2)	30(2)	0(3)	(1)	27.84	7.84
6	0.43(2)	40(3)	10(1)	(2)	19.79	−0.21
7	0.45(3)	20(1)	0(3)	(2)	24.48	4.48
8	0.45(3)	30(2)	10(1)	(3)	20.84	0.84
9	0.45(3)	40(3)	5(2)	(1)	20.71	0.71

续表

试验号	水胶比 (A)	粉煤灰掺量(B)/%(占胶凝材料总量百分比)	膨胀剂掺量(C)/%(以"替换水泥率"表示)	4 列	28 d 强度/MPa	
					P_{3i}	$k_i = P_{3i}-20$
K_1	20.53	20.28	9.42	17.34		
K_2	14.64	13.95	12.99	9.54		
K_3	6.03	6.97	18.79	14.32		
$\overline{K_1}$	6.84	6.76	3.14	5.78	$\sum k_i =$ 41.20	
$\overline{K_2}$	4.88	4.65	4.33	3.18		
$\overline{K_3}$	2.01	2.32	6.26	4.77		
ω	4.83	4.44	3.12	2.60		

表 2.17　60 d 强度极差分析

试验号	水胶比 (A)	粉煤灰掺量(B)/%(占胶凝材料总量百分比)	膨胀剂掺量(C)/%(以"替换水泥率"表示)	4 列	60 d 强度/MPa	
					P_{4i}	$k_i = P_{4i}-30$
1	0.41(1)	20(1)	10(1)	(1)	35.87	5.87
2	0.41(1)	30(2)	5(2)	(2)	32.11	2.11
3	0.41(1)	40(3)	0(3)	(3)	35.52	5.52
4	0.43(2)	20(1)	5(2)	(3)	36.51	6.51
5	0.43(2)	30(2)	0(3)	(1)	36.42	6.42
6	0.43(2)	40(3)	10(1)	(2)	30.27	0.27
7	0.45(3)	20(1)	0(3)	(2)	33.52	3.52
8	0.45(3)	30(2)	10(1)	(3)	28.59	-1.41
9	0.45(3)	40(3)	5(2)	(1)	29.20	-0.80

续表

试验号	水胶比（A）	粉煤灰掺量（B）/%（占胶凝材料总量百分比）	膨胀剂掺量（C）/%（以"替换水泥率"表示）	4列	60 d 强度/MPa	
					P_{4i}	$k_i = P_{4i} - 30$
K_1	13.50	15.90	4.73	11.49		
K_2	13.20	7.12	7.82	5.90		
K_3	1.31	4.99	15.46	10.62	$\sum k_i =$ 28.01	
$\overline{K_1}$	4.50	5.30	1.58	3.83		
$\overline{K_2}$	4.40	2.37	2.61	1.97		
$\overline{K_3}$	0.44	1.66	5.15	3.54		
ω	4.06	3.64	3.58	1.86		

通过对 3 d,7 d,28 d 及 60 d 抗压强度的极差分析可以得到影响混凝土各龄期抗压强度的各因素的主次顺序。对于 3 d,28 d 及 60 d 的抗压强度,水胶比的极差较大,粉煤灰掺量和膨胀剂掺量的极差较小,这说明对于 3 d,28 d 及 60 d 的抗压强度而言,水胶比是主要的影响因素,粉煤灰掺量和膨胀剂掺量是次要的影响因素,因素的主次顺序为水胶比→粉煤灰掺量→膨胀剂掺量;对于 7d 抗压强度,粉煤灰掺量的极差较大,水胶比和膨胀剂掺量的极差较小,这说明对 7d 抗压强度而言,粉煤灰掺量是主要的影响因素,水胶比和膨胀剂掺量是次要的影响因素,因素的主次顺序为粉煤灰掺量→水胶比→膨胀剂掺量。

在对四种不同龄期的强度指标进行极差分析之后,为了更直观地分析试验成果,分别以各因素的诸水平为横坐标,以平均试验指标 $\overline{K_i}$ 加常数 c 为纵坐标,作图如图 2.13 至图 2.15 所示。

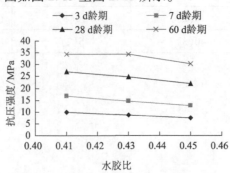

图 2.13 水胶比单因素对抗压强度的影响

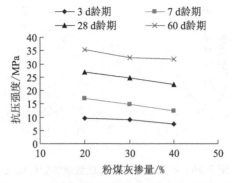

图 2.14　粉煤灰掺量单因素对抗压强度的影响

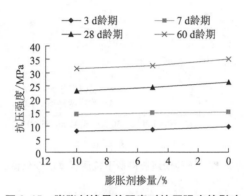

图 2.15　膨胀剂掺量单因素对抗压强度的影响

　　图 2.13 至图 2.15 给出了单因素对各龄期抗压强度的影响情况,由图可知,要使各龄期强度都较高,各因素诸水平的最佳组合条件均为 $A_1B_1C_3$,即当水胶比为 0.41、粉煤灰掺量为 20%、不掺膨胀剂时,可以获得较高的各龄期强度。

　　以上分析只是得出了哪种因素是主要因素,哪种因素是次要因素,但并不清楚某种因素的具体影响情况。也就是说,对于某一因素,并不清楚随着其指标的增大或减小,混凝土试块的强度是如何改变的。为此,从另一个角度进行分析,绘制各种因素下的强度曲线,如图 2.16 至图 2.18 所示,得出各种因素不同水平下混凝土抗压强度的变化情况。

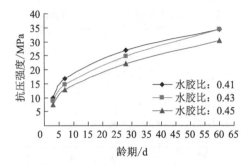

图 2.16　不同水胶比下抗压强度的变化情况

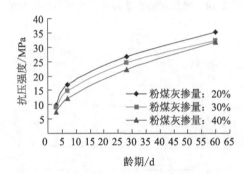

图 2.17　不同粉煤灰掺量下抗压强度的变化情况

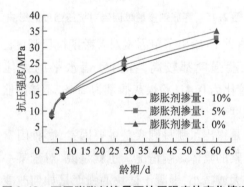

图 2.18　不同膨胀剂掺量下抗压强度的变化情况

　　由图 2.16 至图 2.18 可以看出,无论在哪种因素影响下,混凝土试块的强度均随着龄期的延长而提高。同时,图 2.16 说明对于相同的龄期,水胶比越大,混凝土的抗压强度越低;图 2.17 说明对于相同的龄期,粉煤灰掺量越大,混凝土的抗压强度越低;图 2.18 说明对于相同的龄期,不掺膨胀剂或掺量很小时,混凝土的抗压强度较高。

　　需要说明的是,由于三水平正交表 $L_9(3^4)$ 任意两列间的交互作用出现于另外两列,所以在实际正交试验中各因素对指标的影响是交互的,即以上各曲线图并不只是代表某一单因素对强度的影响关系,同时也包括其他因素的影响,因此并不能完全准确地描述出各因素与指标的关系。

　　(3)不同配方混凝土强度的对比分析。

　　为了对不同配方相同龄期的混凝土的抗压强度进行对比,同时为了明确每种配方混凝土抗压强度的变化情况,现将每种混凝土配方的强度发展历程绘在同一个图形内,如图 2.19 所示。

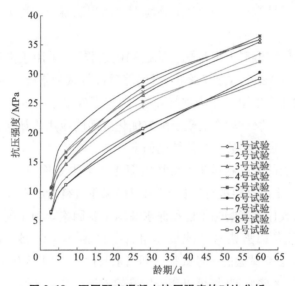

图 2.19　不同配方混凝土抗压强度的对比分析

　　由图 2.19 可以看出,5 号试验的早期强度不是很高,但后期强度较高,且增长较快,其增长趋势明显优于其他试验方案。

　　由于本试验研究配方为大体积粉煤灰混凝土,这就要求在混凝土后期强度满足要求的同时,粉煤灰掺量要尽量高,目的是尽量降低水化热。由图 2.19 并综合考虑各种因素可知,满足要求的只有 5 号试验。

　　需要说明的是,由于模具及其他原因,一些混凝土试块可能存在尺寸误差,对混凝土的强度会有负面影响,甚至会造成偏心受压,导致混凝土强度测试值失真。因此,个别试块的强度可能和预期值有所偏差,但各种配方的强度规律及其之间的关系还是可信的。

2.4 本章小结

　　本章首先从原材料的角度出发,通过分析水泥、粉煤灰、粗细集料及减水剂等原材料的化学成分和物理性能,选取了适合实际工程高温、高湿、高压环境需要的混凝土原材料。然后根据有关规范要求对大体积粉煤灰混凝土的配方进行设计,得到其理论配合比,为进一步采用正交试验优化配方奠定了基础。高温、高湿、高压环境下大体积粉煤灰混凝土的选材及配合比设计为如何确定特殊环境下大体积混凝土的配方积累了一定的经验。

　　在某大体积混凝土理论配合比已知的前提下,采用正交试验法进行配方优化。首先进行试验方案的设计,然后进行试验指标的测定,最后对试验得到的结果采用极差法进行分析,确定了性能最优的大体积粉煤灰混凝土配方。正交试验在混凝土配方优化方面的应用为如何优化混凝土配方积累了一定的经验。具体结论如下:

　　(1) 优质的原材料是生产优质混凝土的前提条件,从原材料的角度出发,对混凝土原材料进行试验研究,以确保原材料满足要求。

　　(2) 水胶比是影响黏聚性和保水性的主要因素。为了使黏聚性和保水性都较好,各因素诸水平的最佳组合条件为 $A_1B_2C_3$ 或 $A_2B_2C_3$(其中 $A_2B_2C_3$ 就是正交试验的 5 号试验),即当水胶比为 0.41 或 0.43、粉煤灰掺量为 30%、不掺膨胀剂时,可以获得较好的黏聚性和保水性。

　　(3) 水胶比是影响强度的主要因素,粉煤灰掺量也是影响强度的重要因素。在满足水胶比在一定范围的前提下,水胶比越低,混凝土抗压强度越高;粉煤灰掺量越低,早期强度越高;膨胀剂掺量越低,混凝土抗压强度越高。

　　(4) 综合考虑混凝土的后期强度及混凝土拌合物的工作性能,本试验决定把 5 号试验作为性能最优的大体积粉煤灰混凝土配方,并以此配方作为下一步材料试验、物理试验及数值模拟的依据。

第3章 粉煤灰混凝土与基准混凝土强度及收缩性能的区别研究

鉴于常有这样一种成见,即在混凝土中掺粉煤灰会降低混凝土的强度,所以在研究之前很有必要先明确粉煤灰对混凝土强度的影响规律,然后研究粉煤灰及不同温湿度环境对混凝土收缩性能的影响。

3.1 粉煤灰混凝土与基准混凝土在强度方面的区别研究

3.1.1 试验方案

考虑到第4章要对大体积粉煤灰混凝土实际工程的温度场进行研究,所以本章所用的粉煤灰混凝土采用与实际工程相同的配方,也就是第2章正交试验的5号试验,即水胶比为0.43、粉煤灰掺量为30%、不掺膨胀剂。

粉煤灰混凝土(5号试验)与未用粉煤灰等量取代的基准混凝土(10号试验)的配合比如表3.1所示,这两种配方混凝土分别打6组试块,并放在温度为20±3 ℃,相对湿度90%以上的标准养护室中养护。然后分别在3 d,7 d,28 d,60 d,90 d和120 d龄期对试块进行试压,全程监测试块强度的变化。

表3.1 粉煤灰混凝土与基准混凝土的配合比

试验号	混凝土原材料用量/(kg·m⁻³)						W/C
	水	水泥	粉煤灰	砂	碎石	减水剂	
5	191	311	133	652	1 063	6.66	0.43
10	191	444	0	652	1 063	6.66	0.43

3.1.2　试验结论

根据混凝土的拌合时间,分别在 3 d,7 d,28 d,60 d,90 d 和 120 d 龄期对试块进行试压,试验结果如表 3.2 所示。

表 3.2　试验结果

试验号	试验日期	拌合时间	抗压强度/MPa					
			3 d	7 d	28 d	60 d	90 d	120 d
5	2004-11-02	AM 9:00	10.55	15.77	27.84	36.42	41.36	44.68
10	2004-11-02	AM 9:30	17.23	24.48	31.98	37.65	43.57	45.51

由表 3.2 可知,粉煤灰混凝土的 3 d 强度约为 28 d 强度的 38%,远远小于基准混凝土的 54%,说明粉煤灰对混凝土的早期强度影响较大,使其早期强度偏低。

为了对试验结果进行分析,以粉煤灰掺量为横坐标,以抗压强度为纵坐标,绘制不同龄期的抗压强度与粉煤灰掺量的关系曲线,如图 3.1 所示。

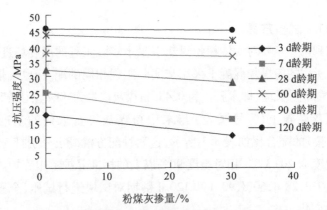

图 3.1　不同龄期的抗压强度与粉煤灰掺量的关系曲线

由图 3.1 可知,3 d,7 d 和 28 d 龄期曲线向右下方倾斜,而 60 d,90 d 和 120 d 龄期曲线接近水平。这说明粉煤灰掺量为 30% 的混凝土在 3 d,7 d 和 28 d 龄期时的强度明显低于基准混凝土的强度,而在 60 d,90 d 和 120 d 龄期时其强度已经接近或超过基准混凝土的强度。

为了更直观地分析粉煤灰混凝土的抗压强度与基准混凝土的抗压强度随龄期的连续变化情况,同时也为了更直观地分析随着龄期的推移二者之间的关系,现以龄期为横坐标,以抗压强度为纵坐标,得到抗压强度随龄期的变化曲线,如图 3.2 所示。

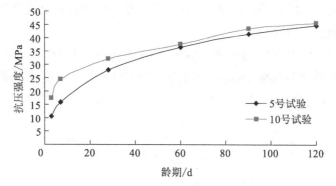

图 3.2 抗压强度随龄期的变化曲线

由图 3.2 可知,在龄期不超过 60 d 时,5 号试验的曲线明显低于 10 号试验的曲线;在龄期超过 60 d 以后,5 号试验的曲线已经接近 10 号试验的曲线,而且前者的后期斜率大于后者的后期斜率。这说明在龄期不超过 60 d 时,粉煤灰混凝土的抗压强度明显低于基准混凝土的抗压强度,早期强度因粉煤灰的掺入降低较多;在龄期超过 60 d 以后,粉煤灰混凝土的强度已经接近基准混凝土的强度,而且从两条曲线的趋势来看,掺粉煤灰的混凝土后期发展的潜力更大。

为了更好地分析粉煤灰混凝土与基准混凝土的抗压强度之间的关系,现以龄期为横坐标,以基准混凝土的抗压强度与粉煤灰混凝土的抗压强度的差为纵坐标,得到抗压强度差随龄期的变化曲线,如图 3.3 所示。

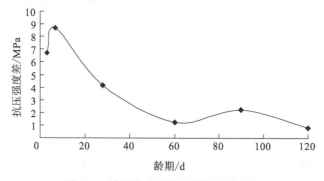

图 3.3 抗压强度差随龄期的变化曲线

由图 3.3 可知,曲线随着龄期的推移呈下降趋势,虽然局部有所上升,但整体呈下降趋势,而且有下降到横坐标轴以下的趋势。这说明随着龄期的推移,基准混凝土与粉煤灰混凝土的强度差值在不断缩小,而且有可能为负值,也就是说,粉煤灰混凝土的后期抗压强度可能超过基准混凝土的后期抗压强度。

为了更好地理解粉煤灰对混凝土后期强度的影响,现以混凝土的28 d抗压强度为基准,在养护龄期28 d至120 d期间,不同龄期混凝土的抗压强度增进率的变化曲线如图3.4所示。

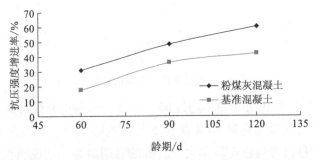

图3.4 不同龄期混凝土的抗压强度增进率的变化曲线

由图3.4可知,在养护龄期28 d至120 d期间,粉煤灰混凝土各龄期抗压强度的增进率均超过基准混凝土的相应值,表明随养护龄期的增加,粉煤灰混凝土具有较大的强度增进率,粉煤灰对混凝土的增强效应随养护龄期的增加而加强。可以预期,随养护龄期的延长,较高掺量粉煤灰混凝土的抗压强度还将继续提高。

综上所述,应用粉煤灰配制混凝土,其早期强度偏低,大掺量则表现得更加明显,但是粉煤灰的掺入对混凝土后期强度的提高有大的促进作用。

3.1.3 试验分析

粉煤灰是一种人工火山灰质混合材料,应用粉煤灰配制混凝土,其早期强度偏低,大掺量则表现得更加明显。这是因为一方面粉煤灰取代了部分水泥,降低了混凝土中水泥的浓度,粉煤灰中的有效活性成分的含量低于水泥中的含量;另一方面原状粉煤灰表面包裹了一层惰性物质,阻碍了粉煤灰的水化,致使粉煤灰的二次水化反应一般在混凝土浇筑28天以后才开始进行,在温度较低时发生二次水化反应所需的时间更长。同时在早期,水泥中水化的$Ca(OH)_2$的量也较少,碱度较低,使得粉煤灰参与反应少,仅生成很少量的 CSH。而且,粉煤灰在混凝土中的早期作用效应是物理填充微集料效应,这种微集料效应表现为抗压强度与粉煤灰掺量成反比。因此,应用粉煤灰配制混凝土时,其早期强度偏低。

在混凝土中掺入粉煤灰之所以能提高混凝土的后期强度及抗渗性能,是因为粉煤灰中含有大量的活性材料(其中 SiO_2 含量高达 40% ~ 60%, Al_2O_3 含量高达 17%~35%)。

现代理论认为混凝土内部结构有三相,即粗骨料、水泥砂浆及粗骨料与水泥砂浆之间很薄的一层胶结面,又称过渡带(Transition Zone)。由于粗骨料表面有一层润湿水,因此过渡带内水分分布较多,这突出体现了混凝土内部结构的不均匀性,包含较多的孔隙和裂隙,富集强度低、易受侵蚀的 $Ca(OH)_2$,且结晶较大,从而使过渡带成为混凝土破坏的开端。粉煤灰的掺入使混凝土内部结构趋于均匀,大大改善了过渡带的结构,从而使混凝土的抗压强度明显提高。其具体作用有以下几点。

(1)物理作用:粉煤灰中微颗粒的表面积很大,微珠状的不与水反应的粉煤灰玻璃体颗粒与水泥颗粒混合,使水泥充分扩散,避免混凝土拌合物中水泥絮凝结构的产生,使拌合水得到充分利用,水化反应后形成的孔隙率相对降低,混凝土的密实性必然提高。粉煤灰颗粒携带水分分散于混凝土各个部位,使得水分分布趋于均匀,粗骨料表面的润湿水分相对减少,水泥与水发生反应的场所或机会增加,水泥与水的作用均得到更充分的发挥,泌水现象大大削弱, $Ca(OH)_2$ 的分布也比较均匀,水泥水化产物的积淀场所增加,相应地缩短了水泥水化物扩散的路程,这些因素改善了混凝土过渡带的结构。

(2)化学作用:粉煤灰颗粒表面能吸附 Ca^{2+},从而促进 C_3S 的水化。此外,粉煤灰颗粒表面可溶的 Ca^{2+} 与 SO_4^{2-} 形成附加的石膏,抑制 C_3A 的水化,这样就促进水泥水化产物早期形成的结构以 CSH 为主,从而使混凝土具有较高的抗压强度。

(3)火山灰作用:一般认为物理与化学作用主要在 28 天以内发挥作用,而火山灰作用主要在 28 天以后才对混凝土强度有明显促进。由前面的试验可知,养护 60 天时,粉煤灰掺量为 30% 的混凝土的各项强度基本接近基准混凝土的相应强度值,且其增进率大于 28 天时的增进率。主要原因是,随着养护龄期的增加,粉煤灰的火山灰活性逐步得到发挥,与水泥水化所产生的 Ca(OH)₂发生二次水化作用,生成新的水化物填充原有的水泥石子结构的孔隙,改善过渡带结构,将粉煤灰颗粒与混凝土基体紧密地黏结起来,使基体的密实度进一步提高,各种层次的界面黏结强度也得到强化,粉煤灰的微集料效应得到充分发挥,从而使后期强度得到较大增长,这是未掺粉煤灰的混凝土不可能实现的。

总体来看,该对比试验虽然能说明粉煤灰对混凝土强度影响的大致规律,但是就试验结果的某些细节而言,可能出现与理论不符的情况,这主要是由试验误差引起的,下面主要从两个方面来说明。

(1)配制过程中外界气温的影响:混凝土在拌制过程中,不同的配方在不同的时间拌制,有的在早晨,有的在中午,空气的温湿度在变化,这会对混凝土拌合物的性能产生影响,进而对试块的强度产生影响。

(2)尺寸误差的影响:由于模具及其他原因,一些混凝土试块存在尺寸误差,这些误差会对混凝土强度产生负面影响,甚至会造成偏心受压。图3.5即为尺寸有误差试块的破坏形态,与正常情况有明显差别,这将最终导致混凝土强度的测试值失真,可行的解决办法是更换不同的受压面。

图3.5　尺寸有误差试块的破坏形态

3.2　粉煤灰混凝土与基准混凝土收缩性能的区别研究

3.2.1　收缩试验简介

本试验用于测定混凝土试件在规定的温湿度条件下,不受外力作用时的长度收缩,也可以用于测定在其他条件下混凝土的收缩与膨胀。

混凝土试件的变形测量装置采用混凝土收缩仪,如图3.6所示。其测量标距为 540 mm,装有精度为 0.01 mm 的百分表或测微器。

图 3.6　混凝土收缩仪

该试验以 100 mm×100 mm×515 mm 的棱柱体试件为标准试件,它适用于骨料最大粒径不大于 30 mm 的混凝土。试件两端应预埋测头或留有埋设测头的凹槽,已埋好测头的收缩试件如图 3.7 所示。测头应由不锈钢或其他不生锈的材料组成,其外端呈圆弧状,如图 3.8 所示。

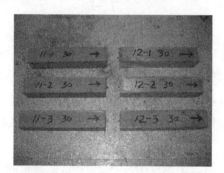

图 3.7　已埋好测头的收缩试件

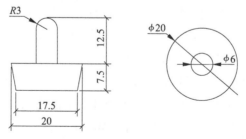

图 3.8　测头外形(单位:mm)

如无特殊规定,带模试件最好在温湿度不同的环境中养护,养护时间为 2 天。拆模后应立即用水泥浆黏、埋测头或测钉,然后再放回原环境养护 1 天,取出并测定其初始长度。此后按以下规定的时间间隔测量其变形读数:1 d,3 d,7 d,14 d,28 d,45 d,60 d,90 d,120 d,150 d(从测定其初始读数算起)。

测量前应先用标准杆校正仪表的零点,并应在 0.5 d 的测定过程中至少再复核 1~2 次(其中一次在全部试件测读完后),复核时若发生零点与原值的偏差超过±0.01 mm,则应调零后重新测定。

试件每次在收缩仪上放置的位置、方向均应保持一致。因此,试件上应标有相应的记号。试件在放置及取出时应轻稳仔细,勿碰撞表架及表杆,若发生碰撞,则应取下试件,重新以标准杆复核零点。

在温湿度不同的环境中养护试件时,应将试件放置在不吸水的搁架上,要求底面架空,其总支撑面积不应太大,每个试件之间应至少留有 30 mm 的间隙。

混凝土的收缩值可按下式计算:

$$\varepsilon_{st} = \frac{L_0 - L_t}{L_b}$$

式中:ε_{st} 为试验期 t 时的混凝土收缩值,t 从测定初始长度时算起;L_b 为试件的测量标距,用混凝土收缩仪测定时应等于两测头内侧的距离,即等于混凝土试件的长度(不计测头凸出部分)减去 2 倍测头埋入深度,mm;L_0 为试件长度的初始读数,mm;L_t 为试件在试验周期为 t 时测得的长度读数,mm。

试验结果取一组三个试件的算术平均值,计算精确到 1×10^{-6}。

3.2.2　试验方案设计

本收缩试验为对比试验,一方面为粉煤灰混凝土与基准混凝土收缩的对比,混凝土配方采用前面选出的粉煤灰混凝土和基准混凝土配方;另一方面为两种温湿度环境下收缩的对比,一种是温度为 20±3 ℃、相对湿度 90%以上的低温环境,另一种是温度为 60±3 ℃、相对湿度 90%以上的高温环境。因为要研究每个配方在不同环境下的收缩,所以将不同配方、不同环境下的试验分别进行编号,两种混凝土配方、两种养护环境总共需要四个试验编号,分别用 11~14 四个阿拉伯数字表示,不同试验号的混凝土配方见表 3.3。对于每个试验号,需要做一组三个收缩试件,试件分别编号为 S-i(S 取 11~14,i 取 1,2,3)。

表 3.3　不同试验号的混凝土配方

试验号	每立方米混凝土的原材料用量/kg						W/C
	水	水泥	粉煤灰	砂	碎石	减水剂	
11,13	191	311	133	652	1 063	6.66	0.43
12,14	191	444	0	652	1 063	6.66	0.43

分别为表 3.3 中不同试验号的混凝土配方打一组（三个）混凝土收缩试件，然后将试验号为 11 和 12 的收缩试件放在温度为 20±3 ℃、相对湿度 90% 以上的标准养护室中养护；将试验号为 13 和 14 的收缩试件放在温度为 60±3 ℃、相对湿度 90% 以上的沸煮箱内养护，如图 3.9 所示。

图 3.9　沸煮箱内养护的收缩试件

按事先规定的时间间隔，分别对其收缩值进行测定，测定中的收缩试件如图 3.10 所示。根据测得的数据，一方面对比粉煤灰混凝土与基准混凝土的收缩情况，另一方面对比两种温湿度环境下的收缩情况，找出粉煤灰及不同温湿度环境对混凝土收缩性能的影响规律。

图 3.10　测定中的收缩试件

3.2.3 试验结果与分析

通过对不同试验期混凝土收缩试件的长度进行测量,得到不同试验期收缩试件的长度值,然后将所测得的试验数据代入混凝土收缩应变计算公式,即可得到不同试验期 t 时的混凝土收缩应变 ε_{st}。

为了更好地分析粉煤灰和不同养护环境对混凝土收缩性能的影响规律,现把上述 11~14 四个试验编号分别改为 FD,JD,FG,JG(F 和 J 分别表示粉煤灰混凝土和基准混凝土,D 和 G 分别表示低温和高温环境),然后取每个试验号一组三个试件收缩值的算术平均值进行分析,以龄期为横坐标,以收缩应变的平均值为纵坐标,得到不同配方及不同养护条件下混凝土的收缩应变曲线,如图 3.11 所示。

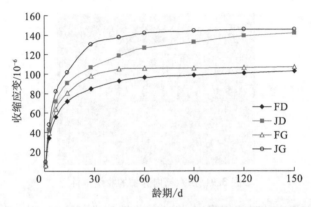

图 3.11　不同配方及不同养护条件下混凝土的收缩应变曲线

由图 3.11 的收缩应变曲线可知,不同配方及不同养护条件下混凝土的收缩应变曲线均呈上升趋势,说明混凝土的收缩随时间的延长而加大,前期收缩较快,随着时间的延长,收缩越来越慢。

具体来说,由图可以得出以下四点结论:

第一,对于相同的养护环境,粉煤灰混凝土的收缩量明显小于基准混凝土的。

第二,对于相同的混凝土配方,前期低温养护收缩较小,高温养护收缩较大;后期低温养护还在继续收缩,不过收缩速率减小,高温养护基本上不再收缩,收缩值趋于稳定。在 150 d 龄期时,高温养护的收缩值虽大于低温养护的收缩值,但还是比较接近的。

第三,在相对湿度相同的情况下,低温养护的收缩试件在整个测试时段内都在收缩,前期收缩速率较大,后期收缩速率减慢,由曲线的发展趋势可知,在 150 d 龄期时收缩值还没有稳定;然而高温养护的收缩试件只在前 60 d 龄期内有所收缩,60 d 龄期之后收缩值基本稳定。

第四,环境的温湿度对混凝土的性能有重要的影响,故在做材料试验时,一定要实时检测环境温湿度的变化。粉煤灰混凝土在特殊温湿度环境下的性能研究为研究材料在特殊环境下的性能积累了一定的经验。

一般认为,混凝土的收缩是由水泥凝胶体本身的体积收缩(即所谓的凝缩)和混凝土失水产生的体积收缩(即所谓的干缩)这两部分组成的,因此,凡是能够影响这两部分变形的因素都将对混凝土的收缩产生影响。影响凝缩的因素主要是混凝土中的水泥用量。混凝土的收缩绝大部分是由干缩引起的。一方面,它与混凝土的水胶比或用水量有关。在其他条件一致的情况下,混凝土的水胶比越低,用水量越少,干缩也就越小。另一方面,混凝土的收缩还与水在混凝土中存在的形式有关。若混凝土中的水存在于较大的孔隙中,则失水不会引起混凝土较大的体积收缩;若混凝土中的水存在于较小的毛细孔中,则失水将产生较大的毛细管张力,引起较大的体积收缩。

掺入等量的粉煤灰取代部分水泥,减少了混凝土的单方水泥用量,削弱了水泥的化学减缩程度,也削弱了水泥凝胶体本身的体积收缩,即减少了凝缩。同时,粉煤灰中的火山灰参与反应生成了大量 CSH 凝胶,填充了原有的水泥石子结构的孔隙,相应地补偿了因孔隙失水而产生的部分干缩。另外,粉煤灰颗粒的微集料效应亦能在一定程度上抑制混凝土的收缩。因此,在相同的养护条件下,粉煤灰混凝土的收缩量小于基准混凝土的。

温度和相对湿度是影响混凝土收缩的两个最主要的外界因素,这与不同的温湿度养护条件下,混凝土内部结构的不同状态(形成与破坏)有关。本收缩试验的两种温湿度环境的相对湿度几乎相同,均在 90% 以上,只是温度不同。对于相同的混凝土配方,在这么高的相对湿度下,无论环境温度是高还是低,混凝土与周围介质的湿交换都不是很剧烈,这样存在于较小的毛细孔中的水就不容易蒸发丧失,不会产生较大的毛细管张力,也就不会引起较大的收缩。

温度高的水泥的各种化学反应的速度都较高,水泥凝胶体本身的体积收缩即凝缩也较快,同时,混凝土与周围介质的湿交换也较快,混凝土失水产生的体积收缩即干缩也就较快,因此前期收缩速率较大;很快水泥的各种化学反应结束,混凝土孔隙中能失去的水分变少,收缩值趋于稳定。而温度低的水泥的各种化学反应的速率都较低,水泥凝胶体本身的体积收缩即凝缩也较慢,同时,混凝土与周围介质的湿交换也比较慢,混凝土失水产生的体积收缩即干缩也较慢,因此前期收缩速率不是很大,随着水泥的各种化学反应的速率逐渐减慢,混凝土与周围介质的湿交换也逐渐减慢,混凝土的收缩也逐渐减慢,整个收缩的持续时间相应地变长。

3.3 本章小结

本章对粉煤灰混凝土与基准混凝土在强度和收缩方面的区别进行了试验研究,所得结论如下:

(1)用粉煤灰配制的混凝土,其早期强度偏低,粉煤灰大掺量时这一现象更加明显,但是粉煤灰的掺入对混凝土后期强度的提高会有大的促进作用。

(2)在相同的养护环境中,粉煤灰混凝土的收缩明显小于基准混凝土的收缩。

(3)对于相同的混凝土配方,前期低温养护收缩较小,高温养护收缩较大;后期低温养护还在继续收缩,不过收缩速率减小,高温养护基本上不再收缩,收缩值趋于稳定。在 150 d 龄期时,高温养护的收缩值虽大于低温养护的收缩值,但二者已比较接近。

(4)在相对湿度相同的情况下,低温养护的收缩试件在整个测试时段内都在收缩,前期收缩速率较大,后期收缩速率变小,由曲线的发展趋势可知,在 150 d 龄期时收缩值还没有稳定;而高温养护的收缩试件只在前 60 d 龄期内有所收缩,60 d 龄期之后收缩值基本稳定。

(5)环境的温湿度对混凝土的性能有重要的影响,故在做材料试验时,一定要实时检测环境温湿度的变化。粉煤灰混凝土在特殊温湿度环境下的性能研究为研究材料在特殊环境下的性能积累了一定的经验。

第4章 大体积粉煤灰混凝土水闸墙温度场的研究

本章以实际工程为物理模型,分别应用经验公式和数值模拟方法计算结构的温度场,并与现场实测的温度进行对比,修正并完善经验公式,验证数值模拟方法分析温度场的适用性。

4.1 工程简介

徐州矿务集团三河尖煤矿 21102 工作面位于太原组西一、西二采区,为三河尖煤矿太原组的首采工作面。该工作面曾发生底板突水事故,突水点位于工作面老塘靠运输道附近,涌水量稳定在 1 020 m³/h,水温超过 50 ℃。为治理水害,保证矿井安全,在对治水方案经过多次论证后,项目组决定在 21102 工作面的材料道和运输道、自外切眼往里的 75 m 和 20 m 处(墙的外壁)分别施工水闸墙,水闸墙内预埋引水管,达到堵、放相结合的目的,水闸墙位于工作面两道内距离屯头系运输下山约 100 m 的半煤岩巷道内,位置如图 4.1 所示。

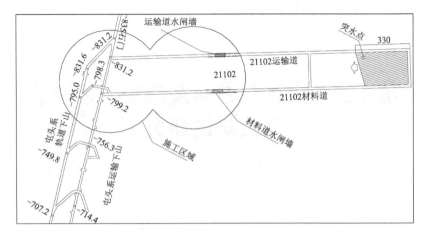

图 4.1　水闸墙位置图(单位:m)

根据徐州矿务集团设计研究院的水闸墙设计,混凝土设计强度为 C25,按 C28 施工。水闸墙段巷道均采用锚喷支护,并采用壁后注浆的方式加固围岩,壁后注浆终压为 9.00 MPa。运输道水闸墙和材料道水闸墙均长 64 m,纵向分为三部分:里加固段、主体墙段和外加固段,如图 4.2 所示。里加固段长 30 m,混凝土厚 400 mm;主体墙段均为倒锥形钢筋混凝土结构,长 24 m,分为三段,仅在混凝土四周和前后布设钢筋网;外加固段长 10 m,混凝土厚 400 mm。其中运输道水闸墙设计承压为 8.32 MPa,材料道水闸墙设计承压为 8.00 MPa,两道水闸墙的混凝土浇筑总量约为 1 772 m³。

两道水闸墙具有以下特点:

(1)承压高,为国内罕见。

(2)砌筑在煤巷内,对墙体的防渗、防漏要求较高。

(3)预计运输巷水温达 50 ℃,施工难度大。

(4)混凝土浇筑体积大,工程量大。

在施工过程中,当水闸墙主体墙开始浇筑时,里加固段巷道已被封闭。因此,先施工里加固段,再施工外加固段,最后施工主体墙段,即纵向分为三段进行浇筑。针对每一段,竖向浇筑分若干层进行,主要浇筑量见表 4.1。当浇筑到上面时,所余空间较小,此时水闸墙的封顶已无法再用普通混凝土进行浇筑,可采用强度在 C30 以上的喷射混凝土,考虑到该水闸墙所承受的水压比较大,若在喷射混凝土内掺入速凝剂,势必会影响其后期强度,因此该喷射混凝土中不掺速凝剂。

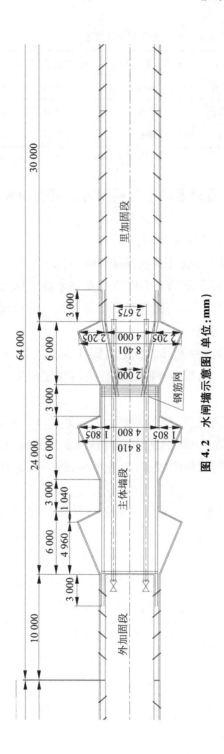

图 4.2　水闸墙示意图 (单位 : mm)

表 4.1　水闸墙混凝土浇筑量　　　　　　　　　　单位:m³

项目		材料道水闸墙	运输道水闸墙	合计
混凝土工程	墙体	646	646	1 292
	加固段	240	240	480
	合计	886	886	1 772

4.2　高温高湿环境下喷射混凝土材料配方的试验研究

4.2.1　喷射混凝土原材料的选用

（1）水泥。喷射混凝土要优先选用强度标号不低于 C32.5 的普通硅酸盐水泥,也可采用强度标号不低于 C42.5 的矿渣水泥。所用水泥应新鲜无结块,储存期不超过 3 个月,否则应降低标号使用。目前国内已有专门用于喷射混凝土的喷射水泥。

（2）砂。一般用中砂或中粗砂(细度模数在 3 左右),平均粒径为 0.35~0.5 mm。实践证明,用细砂拌制的混凝土的强度比用中砂拌制的混凝土强度低 30%左右。

砂石含水率对喷射混凝土工艺的影响很大,实践证明,砂石含水率以 6%为宜。当砂石含水率低于 4%时,管内混合料易发生分离,在喷嘴处不易与水均匀混合,喷出的料流粉尘较多;当含水率过高时,混合料易产生集料,导致堵管。

（3）石子。优先选用卵石,也可采用碎石。砂石骨料的质量必须满足喷射混凝土施工规范的有关规定,级配应满足表 4.2 的要求,最大粒径为 15 mm。有资料介绍小石子粒径以 10 mm 左右为宜,并指出小石子粒径越小,喷射混凝土的强度越高,并有喷射粗砂砂浆的发展趋势。

表 4.2　喷射混凝土的骨料级配

项目	通过各种筛径的累计筛余/%					
	0.6 mm	1.2 mm	2.5 mm	5 mm	10 mm	15 mm
优	17~22	23~31	35~43	50~60	73~82	100
良	13~31	18~41	26~54	40~70	62~90	100

（4）水。所用水质必须满足有关规定的要求，且不影响速凝效果。

（5）粉煤灰。掺入Ⅱ级以上优质粉煤灰，可以提高喷射混凝土的黏聚性、密实度和强度。

4.2.2 喷射混凝土材料配方的试验研究

4.2.2.1 现场石子筛分析试验

（1）较大石子的筛分析结果见表4.3。

表4.3 较大石子的筛分析结果

级配情况	公称粒级/mm	累计筛余（按质量计）/%			
		筛孔尺寸（方孔筛）/mm			
连续级配	5~16	16.0	9.50	4.75	2.36
		0	41.2	96.4	100

（2）小石子的筛分析结果见表4.4所示。

表4.4 小石子的筛分析结果

级配情况	累计筛余（按质量计）/%			
	筛孔尺寸（方孔筛）/mm			
非连续级配	9.50	4.75	2.36	1.18
	0	40.5	96.6	99.9

注：实际试验过程中，小石子中掺加了砂。

4.2.2.2 喷射混凝土所用粗集料的人工级配

由于三河尖矿所提供的两种石子均不符合喷射混凝土所用粗集料的级配要求，因此，采取人工级配的方式来配制所需的粗集料。通过计算，所得配比是：较大石子30%，小石子40%，中砂30%。按这种配比所得粗集料的筛分析结果见表4.5。

表4.5 人工级配粗集料的筛分析结果

级配情况	累计筛余（按质量计）/%					
	筛孔尺寸（方孔筛）/mm					
非连续级配	16.0	9.50	4.75	2.36	1.18	0.60
	0	12.6	42.9	69.7	77.5	86.5

4.2.2.3　喷射混凝土三种配方的实验室配合比试验

（1）砂：中等偏粗石英河砂。

（2）水泥：山东枣庄 42.5 级普通硅酸盐水泥。

（3）粉煤灰：邹城电厂Ⅱ级以上粉煤灰。

（4）粗集料：最大粒径为 9.5 mm 的人工级配粗集料。

根据有关规范要求，在实验室经过反复试配，最终选取了三种配方。喷射混凝土的三种配方见表 4.6。

表 4.6　喷射混凝土的三种配方

编号	水泥	粉煤灰	砂	小石子	较大石子	水	水胶比(W/C)
1i	0.8	0.2	2.6	0.8	0.6	0.4	0.4
2i	0.8	0.2	2.45	0.6	0.45	0.4	0.4
3i	0.8	0.2	3.1	0.8	0.6	0.4	0.4

4.2.2.4　在模拟现场的环境中养护与试压

为了更准确地反映实际情况，选择在模拟现场的高温高湿环境中进行养护与试压。实验室配合比试验的养护环境和实验结果见表 4.7，养护温度随养护时间的变化曲线如图 4.3 所示。

表 4.7　实验室配合比试验的养护环境和实验结果

日期	时间		箱内温度/℃	室外温度/℃	相对湿度/%	编号	强度/MPa
5 月 30 日	AM	11:30	45				
	PM	2:30	46				
		6:30	47				
		10:30	48	26	64		
5 月 31 日	AM	6:30	49	24	70		
		10:30	50	26	56		
	PM	2:30	51	29	52		
		6:30	52	28.5	56		
		10:30	53	27	66		

续表

日期	时间		箱内温度/ ℃	室外温度/ ℃	相对湿度/%	编号	强度/MPa
6月 1日	AM	6:30	54	24.5	72		
		10:00				1i	21.42
		10:30	55	25	55	2i	27.08
		11:00				3i	23.18
	PM	2:30	56	28	52		
		6:30	57	29	52		
		10:30	58	27	58		
6月 2日	AM	6:30	59	25	63		
		10:00				1i	25.32
		10:30	60	26	64	2i	30.31
		11:00				3i	27.12
	PM	2:30	61	27	60		
		6:30	62				
		10:30	63				

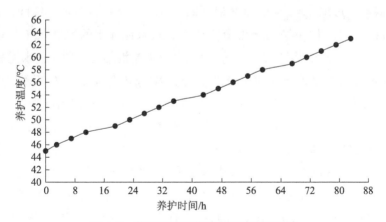

图 4.3 养护温度随养护时间的变化曲线

4.2.2.5 试验结果分析

通过模拟现场的高温高湿环境下喷射混凝土材料配方试验研究可以发现,配方 2i 的 48 h 和 72 h 强度分别高于配方 3i 的 48 h 和 72 h 强度,而后者又分别高于配方 1i 的 48 h 和 72 h 强度。同时,试验的温湿度和现场环境的温湿度比较接近,能更准确地反映事物本身的规律,真实地呈现喷射混凝土材料的性能。因此,可以断定配方 2i 是最好的,能够达到设计要求。

4.3　理论分析

4.3.1　大体积混凝土温度场的理论解法

先计算混凝土的出机温度、混凝土绝热温升、混凝土内部最高温度、混凝土表面温度及混凝土内外最大温差,然后将计算结果和实际监测的结果进行对比,修正并完善经验公式,验证经验公式的适用性。

4.3.1.1　混凝土出机温度 T_o 的求解

根据混凝土原材料搅拌前总的热量与搅拌后总的热量相等的原理,可用以下公式计算大体积混凝土的出机温度 T_o:

$$T_o = \frac{(c_s + c_w Q_s) m_s T_s + (c_g + c_w Q_g) m_g T_g + c_c m_c T_c + c_w (m_w - Q_s m_s - Q_g m_g) T_w}{c_s m_s + c_g m_g + c_w m_w + c_c m_c}$$

式中:c_s,c_g,c_c,c_w 分别为砂、石、水泥和水的比热容,kJ/(kg·℃) [计算时一般取 $c_s = c_g = c_c = 0.8$ kJ/(kg·℃),$c_w = 4$ kJ/(kg·℃)];m_s,m_g,m_c,m_w 分别为每立方米混凝土中砂、石、水泥和水的用量,kg(实际工程所采用的配方即第 2 章的 5 号试验,每立方米混凝土中砂、石、水泥和水的用量分别为 652 kg,1 063 kg,311 kg,191 kg);T_s,T_g,T_c,T_w 分别为砂、石、水泥和水的拌合温度,℃(考虑到实际工程用防尘水拌制混凝土,防尘水的水温恒为 17 ℃,其他原材料虽然放在外面,但是搅拌混凝土是在巷道内进行的,而巷道内空气温度稳定在 36 ℃,砂、石、水泥等原材料的温度在从外界运到巷道内的过程中逐渐升高,经现场测量得知搅拌前混凝土的初始温度一般为 28 ℃左右);Q_s,Q_g 分别为砂、石的含水率,%(实际工程中砂、石的含水率是随天气而变化的,一般分别在 6% 和 0.6% 左右波动,故砂、石的含水率分别取 6% 和 0.6%)。

将上述数据代入大体积混凝土出机温度 T_o 的计算公式,经计算得到混凝土的出机温度 T_o 为 25.3 ℃。

由以上计算公式可以看出,在混凝土原材料中,砂、石的比热容比较小,但占混凝土总质量的 75% 左右;水的比热容大,但只占混凝土总质量的 8% 左右。因此,对混凝土出机温度影响最大的是石子的温度,砂的温度次之,水泥的温度影响最小。降低混凝土的出机温度的最有效的办法就是降低砂、石的温度。

4.3.1.2　混凝土绝热温升 $T_{(t)}$ 的求解

假设大体积混凝土的浇筑温度 T_j 等于出机温度 T_o,即 $T_j = 25.3 \, ^\circ\!\text{C}$。已知大体积混凝土的浇筑温度越低,对降低混凝土内外温差越有利。关于混凝土浇筑温度的控制,各国都有明确的规定。如美国在混凝土协会施工手册中规定不得超过 32 ℃;日本土木学会施工规程中规定不得超过 30 ℃;日本建筑学会钢筋混凝土施工规程中规定不得超过 35 ℃;我国有些规范中提出不得超过 25 ℃,否则必须采取特殊技术措施。

由第 1 章大体积混凝土温度场的理论建模方法可知,求解二维温度场的数学模型为 $\rho c \dfrac{\partial T}{\partial t} = K\left(\dfrac{\partial^2 T}{\partial x^2} + \dfrac{\partial^2 T}{\partial y^2}\right) + f(t)$,要计算大体积混凝土的内部温度场,即求 $T(x, y, t)$,应先确定水泥水化放热的规律,再确定水化生热率 $f(t)$。水泥水化放热的规律可根据美国垦务局提出的大体积混凝土绝热温升公式推导:

$$T_{(t)} = \frac{m_c Q(1 - e^{-mt})}{\rho c}$$

式中: $T_{(t)}$ 为在龄期 t 时的绝热温升, ℃, 当 t 较大时, $T_{(t)}$ 为 $T_{(t)\max} = \dfrac{m_c Q}{\rho c}$; m_c 为每立方米混凝土中的水泥用量,kg/m^3,此处为 311 kg/m^3;Q 为每千克水泥的最终水化热,kJ/kg,通过对各种水泥最终水化热的数据查询可知,普通硅酸盐水泥在 $t \to \infty$ 时,最终的水化热 Q 一般在 330 kJ/kg 左右,因此本工程采用 330 kJ/kg。

若令 $m_c Q = Q_0$,$\rho c T_{(t)} = F$,则 $F = Q_0(1 - e^{-mt})$。这就是混凝土内水泥水化放热的规律,从而可以确定混凝土单位体积内的水化热生热率,即 $f(t) = \mathrm{d}F/\mathrm{d}t = m Q_0 e^{-mt}$,其中,$Q_0$ 为每立方米混凝土的最终水化热,kJ/m^3,由式 $m_c Q = Q_0$ 计算得到 Q_0 为 102 630 kJ/m^3;F 为龄期 t 时每立方米混凝土的水化热生热量,kJ/m^3;$f(t)$ 为龄期 t 时每立方米混凝土水化热生热率,kJ/(m$^3 \cdot$ d);ρ 为混凝土的密度,kg/m^3,取 2 400 kg/m^3;c 为混凝土的比热容,kJ/(kg · ℃),范

围为 $0.92 \sim 1.0$ kJ/(kg·℃),一般取 0.976 kJ/(kg·℃);m 为水化系数 (1/d),随混凝土的浇筑温度不同而不同,其取值可查表 4.8。查表知,浇筑温度为 25.3 ℃时,水化系数为 0.384。

表 4.8 水化热温升时的水化系数值

浇筑温度/℃	5	10	15	20	25	30
水化系数	0.295	0.318	0.340	0.362	0.384	0.406

将上述数据代入混凝土单位体积内水化热生热率公式,可得

$$f(t) = \mathrm{d}F/\mathrm{d}t = mQ_0 e^{-mt} = 0.384 \times 102\,630 e^{-0.384t} = 39\,409.92 e^{-0.384t}$$

本水闸墙工程要四天浇筑完毕,在刚浇筑完毕时,不同时期浇筑的混凝土龄期 t 不同,为了方便理论计算,设刚浇筑完毕时不同时期浇筑的混凝土的龄期 t 平均为 2 d,即理论计算的初始龄期向后推 2 d,上述公式修改为

$$f(t) = \mathrm{d}F/\mathrm{d}t = mQ_0 e^{-m(t-2)} = 0.384 \times 102\,630 e^{-0.384(t-2)} = 39\,409.92 e^{-0.384(t-2)}$$

每立方米混凝土水化热生热率 $f(t)$ 与龄期 t 的函数关系曲线如图 4.4 所示。

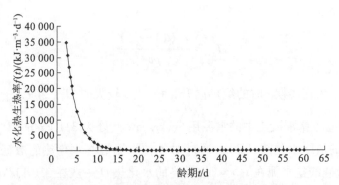

图 4.4 混凝土水化热生热率与龄期的关系曲线

从图中可以看出,混凝土水化热生热率 $f(t)$ 随龄期 t 的增加而减小,在龄期 t 为 10 d 时水化热生热率 $f(t)$ 已经很小,此后更小且趋于稳定,即混凝土几乎不再产生水化热。

由此,大体积混凝土的绝热温升 $T_{(t)}$ 的计算如下:

$$T_{(t)} = \frac{m_c Q(1 - e^{-mt})}{\rho c} = \frac{311 \times 330(1 - e^{-0.384t})}{2\,400 \times 0.976} \approx 43.8 \times (1 - e^{-0.384t})$$

同样,理论计算的初始龄期向后推 2 d,所以上述公式可改为

$$T_{(t)} = \frac{m_c Q[1-e^{-m(t-2)}]}{\rho c} = \frac{311 \times 330 [1-e^{-0.384(t-2)}]}{2\,400 \times 0.976} \approx 43.8 \times [1-e^{-0.384(t-2)}]$$

绝热温升 $T_{(t)}$ 和龄期 t 的函数关系曲线如图 4.5 所示。

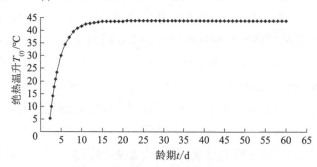

图 4.5   绝热温升与龄期的关系曲线

从图中可以看出,混凝土绝热温升 $T_{(t)}$ 随龄期 t 的增加而增大,在龄期 t 为 10 d 时已接近最大值,此后趋于稳定,最大绝热温升为 43.8 ℃。

4.3.1.3   混凝土内部最高温度 T_{max} 的求解

龄期 t 时大体积混凝土内部最高温度 T_{max} 的计算公式为

$$T_{max} = T_j + T_{(t)} \times \xi$$

式中:T_j 为混凝土的浇筑温度, ℃;ξ 为不同浇筑厚度不同龄期时的降温系数(散热系数),其取值可查表 4.9 得到。

表 4.9   不同龄期和浇筑厚度的 ξ 值

浇筑层厚度/ m	不同龄期 t 时的 ξ 值									
	3 d	6 d	9 d	12 d	15 d	18 d	21 d	24 d	27 d	30 d
1.00	0.36	0.29	0.17	0.09	0.05	0.03	0.01			
1.25	0.42	0.31	0.19	0.11	0.07	0.04	0.03			
1.50	0.49	0.46	0.38	0.29	0.21	0.15	0.12	0.08	0.05	0.04
2.50	0.65	0.62	0.59	0.48	0.38	0.29	0.23	0.19	0.16	0.15
3.00	0.68	0.67	0.63	0.57	0.45	0.36	0.30	0.25	0.21	0.19
4.00	0.74	0.73	0.72	0.65	0.55	0.46	0.37	0.30	0.25	0.24

注:本表适用于混凝土浇筑温度为 20~30 ℃的工程。

本水闸墙工程总直径为 7.2 m,分层浇筑,每 8 小时浇筑一层,每层厚度是 0.6 m,四天浇筑完毕;另外,由前面的理论计算可知,混凝土的浇筑

温度为 25.3 ℃。所以,不同浇筑厚度在不同龄期时的降温系数 ξ 可以从表4.9中查得。

但是,由于大体积混凝土的浇筑是在高温高湿的环境中进行的,气温高达 36 ℃,相对湿度也在 90% 以上,新浇筑混凝土接触的周围围岩温度也都在 36 ℃左右。另外,由前面的分析可知,为了方便理论计算,本水闸墙工程由四天分层浇筑完毕调整为在 $t=2$ d 瞬时浇筑完毕,这样,在水闸墙实际浇筑完毕即 $t=4$ d 的时刻,理论计算的水闸墙已经有 2 d 的龄期。对于混凝土、周围围岩和空气三者之间的热交换来说,两天的浇筑时间还是比较长的。所以,在混凝土刚浇筑的几个小时内,新浇筑混凝土的温度就急剧上升,由现场资料可知,新浇混凝土的温度一般高达 36 ℃左右。

鉴于此,为了便于理论计算,综合考虑各种因素,理论计算的浇筑温度 T_j 取 36 ℃。这种浇筑温度已经超出了表4.9的适用范围,现在必须采用拟合法求新的不同龄期时的降温系数 ξ,即根据现场实测和数值模拟的温度曲线来反推不同龄期时的降温系数 ξ。

经过反推,不同龄期时的降温系数 ξ 假定如下:

$$\xi = -t^{1/5} + 2.5$$

同样,由前面的分析可知,理论计算的初始龄期向后推 2 d,所以上述公式可改为

$$\xi = -(t-2)^{1/5} + 2.5$$

降温系数 ξ 与龄期 t 的函数关系曲线如图4.6所示。

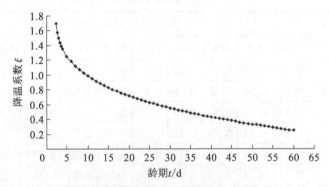

图 4.6　降温系数与龄期的关系曲线

由图4.6可知,降温系数 ξ 随龄期 t 的增加而减小。在龄期 t 不超过 9 d 的时间内,降温系数 ξ 是大于 1.0 的,表明水闸墙大体积混凝土水化产

生的热量及水闸墙从周围环境吸收的热量之和大于水闸墙向外放出的热量;在龄期 t 大于 9 d 时,降温系数 ξ 小于 1.0,表明水闸墙大体积混凝土水化产生的热量及水闸墙从周围环境吸收的热量之和小于水闸墙向外放出的热量。

为此,龄期为 t 时大体积混凝土内部最高温度 T_{max} 的计算公式如下:

$$T_{max} = T_j + T_{(t)} \times \xi = 36 + 43.8 \times [1 - e^{-0.384(t-2)}] \times [-(t-2)^{1/5} + 2.5]$$

大体积混凝土内部最高温度 T_{max} 和龄期 t 的函数关系曲线如图 4.7 所示。

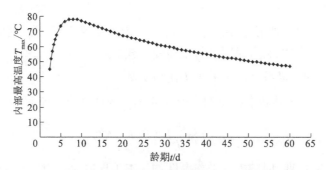

图 4.7　内部最高温度和龄期的关系曲线

将此理论计算得到的各龄期内部最高温度与现场实测得到的最高温度点的温度(即传感器 E10242 测得的温度)进行对比,可以进一步验证修正经验公式的适用性,为了直观起见,用曲线表示如图 4.8 所示。

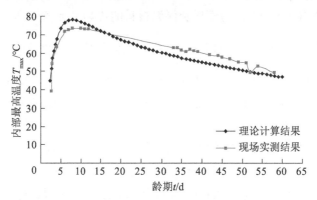

图 4.8　内部最高温度和龄期的关系曲线

从图中可以看出,理论计算和现场实测得到的最高温度与龄期的关系曲线还是比较吻合的。

现场实测的最高温度点出现在第 9 天,最高温度为 73.5 ℃;理论计算的最高温度点出现在第 8 天,最高温度为 78.1 ℃。理论计算的最高温度比现场实测的最高温度高 4.6 ℃,原因可能是:实际工程在施工期间,水闸墙内部埋设了若干冷却水管,用温度为 17 ℃ 的防尘水循环冷却,并在施工完毕后的一段时间内,继续使用循环水冷却。

图 4.8 还表明,在龄期超过 20 d 以后,实测温度超过了数值模拟的温度,原因可能是:在水闸墙施工结束养护二十多天以后,水闸墙开始承受压力为 6.77 MPa、温度高达 48 ℃ 的水压,而数值模拟中并未考虑这种因素。

综合考虑各种情况,两种方法得出的内部最高温度与龄期的关系曲线基本上是一致的,这说明了修正经验公式的适用性。

4.3.1.4　混凝土表面温度 $T_{b(t)}$ 的求解

龄期 t 时大体积混凝土的表面温度 $T_{b(t)}$ 的计算公式如下:

$$T_{b(t)} = T_q + \frac{4}{H^2} h'(H-h') \Delta T_{(t)}$$

式中:T_q 为龄期 t 时的大气平均温度,℃,本工程恒为 36 ℃;H 为混凝土的计算厚度,即 $H = h + 2h' = 7.2 + 2 \times 0.094 = 7.388$ m;h 为混凝土的实际厚度,m,本工程为 7.2 m;h' 为混凝土的虚厚度,m,$h' = k \dfrac{\lambda}{\beta} = 0.666 \times \dfrac{3.2457}{23} \approx 0.094$;$k$ 为计算折减系数,取 0.666;λ 为混凝土的导热系数,本工程取 3.2457 W/(m·℃);β 为模板及保温材料的传热系数,W/(m²·℃),$\beta = 1 \Big/ \left(\dfrac{\delta_i}{\lambda_i} + \dfrac{1}{\beta_q} \right)$,由于 $\delta_i = 0$,所以 $\beta = \beta_q$;δ_i 为保温材料的厚度,m,本工程没有保温材料,即 $\delta_i = 0$;λ_i 为保温材料的导热系数,W/(m·℃),本工程不考虑;β_q 为空气层传热系数,取 23 W/(m²·℃);$\Delta T_{(t)}$ 为龄期 t 时混凝土内最高温度与外界气温之差,$\Delta T_{(t)} = T_{max} - T_q$。

将前面的 T_{max} 表达式代入上式,可得 $\Delta T_{(t)}$ 的表达式为

$$\Delta T_{(t)} = 43.8 \times [1 - e^{-0.384(t-2)}] \times [-(t-2)^{1/5} + 2.5]$$

将上述数据及表达式代入大体积混凝土表面温度 $T_{b(t)}$ 的计算公式,得

$$T_{b(t)} = T_q + \frac{4}{H^2} h'(H-h') \Delta T_{(t)}$$

$$= 36+0.050\times43.8\times[1-e^{-0.384(t-2)}]\times[-(t-2)^{1/5}+2.5]$$

此函数关系曲线如图 4.9 所示。

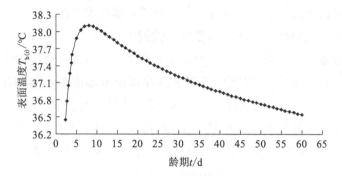

图 4.9　表面温度与龄期的关系曲线

从图中可以看出,大体积混凝土水闸墙表面温度 $T_{b(t)}$ 先升高后降低,在龄期 8 d 时表面温度 $T_{b(t)}$ 最高,最高温度为 38.1 ℃,最低温度不低于周围空气温度 36 ℃。

4.3.1.5　混凝土内外最大温差 $(\Delta T)_{max}$ 的求解

龄期 t 时大体积混凝土内外最大温差 $(\Delta T)_{max}$ 为龄期 t 时混凝土内部最高温度与表面温度之差,计算公式如下:

$$(\Delta T)_{max} = T_{max} - T_{b(t)} = 0.95\times43.8\times[1-e^{-0.384(t-2)}]\times[-(t-2)^{1/5}+2.5]$$

此函数关系曲线如图 4.10 所示。

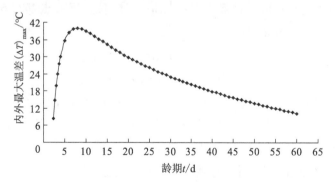

图 4.10　内外最大温差与龄期的关系曲线

从图中可以看出,大体积混凝土内外最大温差 $(\Delta T)_{max}$ 先增大后减小,在龄期 8 d 时内外温差 $(\Delta T)_{max}$ 最大,最大内外温差为 40.0 ℃。现场实测的内部最高温度点出现在第 9 天,最高温度为 73.5 ℃,表面温度为外界环境温度 36 ℃,最大内外温差为 37.5 ℃。理论计算的内外最大温差比现场实测的高 2.5 ℃,这主要与巷道内加大通风量有关,但总体上理论计算的内外最大温差与现场实测得到的数值比较接近。

4.3.2 大体积混凝土温度应力的理论解法

假定混凝土为连续、均质、有弹性的结构物,则在求得混凝土结构的三维温度场 $T(x,y,z,t)$ 后,即可根据弹性理论求解混凝土结构各部分的热应力。实际上混凝土的弹性模量是随着龄期的变化而变化的,因此采用增量法来计算混凝土的弹性温度应力,即把时间划分为一系列的时间段:$\Delta t_1, \Delta t_2, \cdots, \Delta t_n$,第 i 时间段 $\Delta t_i(i=1,2,3,\cdots,n)$ 内的温度增量为 $\Delta T_i = T(t_i) - T(t_{i-1})$,由温差 ΔT_i 引起的弹性温度应力增量为 $\Delta\sigma_i^e$,因此总的应力为 $\sigma(t) = \sum_{i=1}^{n} \Delta\sigma_i^e K'$,其中 K' 为应力松弛系数。下面讨论如何求 $\Delta\sigma_i^e$。

为了便于施工和防止裂缝,大体积混凝土常常是分块浇筑的,每一块体称为一个浇筑块。

在接缝灌浆之前,各浇筑块尚未形成整体,因此,在施工过程中大体积混凝土结构的温度应力实际上是各浇筑块的温度应力。在接缝灌浆之后,各浇筑块已连接成为整体,运行期的温度应力是结构整体的应力。当然,施工期的残留温度应力与运行期的温度应力是要叠加的。由于浇筑块温度应力在实际工程中具有重要意义,下面将着重对其进行分析。

混凝土浇筑块应力计算严格来说是三维问题,每一点都有 6 个应力分量和 6 个应变分量,即

应力分量:$\sigma_x, \sigma_y, \sigma_z, \tau_{xy}, \tau_{yz}, \tau_{zx}$

应变分量:$\varepsilon_x, \varepsilon_y, \varepsilon_z, \gamma_{xy}, \gamma_{yz}, \gamma_{zx}$

但在实际工程中,往往将其简化为平面应力问题或平面应变问题进行分析。这一方面是为了简化计算,另一方面,在相当多的情况下,平面问题基本上可以反映浇筑块中应力状态的实际面貌。

浇筑块的温度应力状态实际上介于平面应力与平面应变之间,大多按平面应变问题计算。计算中采用弹性力学符号,抗拉应力为正,抗压应力为负;温度 T 的符号以升温为正,降温为负。

以该水闸墙工程为例,采用和 ANSYS 数值分析时相同的坐标系,即以面向巷道内右手方向为 x 轴,巷道轴向向上为 y 轴,向外为 z 轴。由于

水闸墙沿巷道轴向较长,所以按平面应变问题考虑,即浇筑块内部的温度、体积力和表面受到的面力沿 z 轴方向都是常数。由大体积混凝土温度场的理论解法可知,二维温度场 $T(x,y,t)$ 已知。

在上述条件下,所有应力分量、应变分量和位移分量都不沿 z 轴方向变化,它们只是 x 和 y 的函数,应变分量 $\varepsilon_z = \partial w / \partial z = 0$,任一点只有 3 个应变分量 $(\varepsilon_x, \varepsilon_y, \gamma_{xy})$ 和 4 个应力分量 $(\sigma_x, \sigma_y, \sigma_z, \tau_{xy})$。

应力-应变关系为

$$
\begin{cases}
\varepsilon_x = \dfrac{1}{E} [\sigma_x - \mu(\sigma_y + \sigma_z)] + \alpha \Delta T \\[2mm]
\varepsilon_y = \dfrac{1}{E} [\sigma_y - \mu(\sigma_z + \sigma_x)] + \alpha \Delta T \\[2mm]
\varepsilon_z = \dfrac{1}{E} [\sigma_z - \mu(\sigma_x + \sigma_y)] + \alpha \Delta T = 0 \\[2mm]
\gamma_{xy} = \dfrac{1}{G} \tau_{xy} = \dfrac{2(1+\mu)}{E} \tau_{xy}
\end{cases}
$$

式中:α 为线膨胀系数;E 为弹性模量;ΔT 为温度增量;μ 为泊松比。由 $\varepsilon_z = 0$ 解出 σ_z,并代入上式的前两式,得到

$$
\begin{cases}
\varepsilon_x = \dfrac{(1+\mu)}{E} [(1-\mu)\sigma_x - \mu\sigma_y] + (1+\mu)\alpha \Delta T \\[2mm]
\varepsilon_y = \dfrac{(1+\mu)}{E} [(1-\mu)\sigma_y - \mu\sigma_x] + (1+\mu)\alpha \Delta T \\[2mm]
\gamma_{xy} = \dfrac{2(1+\mu)}{E} \tau_{xy} \\[2mm]
\sigma_z = \mu(\sigma_x + \sigma_y) - E\alpha \Delta T
\end{cases}
\tag{4.1}
$$

由上式的前两式解出 σ_x 和 σ_y,得到

$$
\begin{cases}
\sigma_x = \dfrac{(1-\mu)E}{(1+\mu)(1-2\mu)} \left(\varepsilon_x + \dfrac{\mu}{1-\mu}\varepsilon_y \right) - \dfrac{E\alpha \Delta T}{1-2\mu} \\[3mm]
\sigma_y = \dfrac{(1-\mu)E}{(1+\mu)(1-2\mu)} \left(\varepsilon_y + \dfrac{\mu}{1-\mu}\varepsilon_x \right) - \dfrac{E\alpha \Delta T}{1-2\mu} \\[3mm]
\tau_{xy} = \dfrac{E}{2(1+\mu)} \gamma_{xy} \\[3mm]
\sigma_z = \mu(\sigma_x + \sigma_y) - E\alpha \Delta T
\end{cases}
\tag{4.2}
$$

平衡方程为

$$\begin{cases} \dfrac{\partial \sigma_x}{\partial x} + \dfrac{\partial \tau_{xy}}{\partial y} = 0 \\[3mm] \dfrac{\partial \sigma_y}{\partial y} + \dfrac{\partial \tau_{xy}}{\partial x} = 0 \end{cases} \qquad (4.3)$$

应变-位移关系为

$$\varepsilon_x = \frac{\partial u}{\partial x}, \varepsilon_y = \frac{\partial v}{\partial y}, \gamma_{xy} = \frac{\partial u}{\partial y} + \frac{\partial v}{\partial x} \qquad (4.4)$$

应变协调方程为

$$\frac{\partial^2 \varepsilon_x}{\partial y^2} + \frac{\partial^2 \varepsilon_y}{\partial x^2} = \frac{\partial^2 \gamma_{xy}}{\partial x \partial y} \qquad (4.5)$$

把应力-应变关系式(4.1)代入应变协调方程式(4.5),并利用平衡条件进行简化,得到用应力表示的应变协调方程如下:

$$\nabla^2 (\sigma_x + \sigma_y) = -\frac{E\alpha}{1-\mu} \nabla^2 \Delta T \qquad (4.6)$$

引进应力函数 φ,有

$$\sigma_x = \frac{\partial^2 \varphi}{\partial y^2}, \sigma_y = \frac{\partial^2 \varphi}{\partial x^2}, \tau_{xy} = -\frac{\partial^2 \varphi}{\partial x \partial y} \qquad (4.7)$$

显然,应力函数 φ 是满足平衡方程的,把式(4.7)代入式(4.6),得到用应力函数 φ 表示的平面应变问题的应变协调方程如下:

$$\nabla^4 \varphi = -\frac{E\alpha}{1-\mu} \nabla^2 \Delta T \qquad (4.8)$$

其中,

$$\nabla^2 = \frac{\partial^2}{\partial x^2} + \frac{\partial^2}{\partial y^2}, \nabla^4 = \frac{\partial^4}{\partial x^4} + 2\frac{\partial^4}{\partial x^2 \partial y^2} + \frac{\partial^4}{\partial y^4}$$

因此,平面应变问题的弹性温度应力的求解可归结为求应力函数 φ,它满足应变协调方程式(4.8),并满足给定的边界条件。求解方法采用逆解法,即先设定各种形式的、满足应变协调方程式(4.8)的应力函数 φ,用式(4.7)求出应力分量,然后根据应力边界条件来考查在各种形状的弹性体上这些应力分量对应于什么样的面力,从而确定所设定的应力函数可以解决什么问题。得到应力函数 φ 之后,也就知道了 σ_x,σ_y 和 τ_{xy},从而可以求出 $\Delta \sigma_i^e$,再由 $\sigma(t) = \sum\limits_{i=1}^{n} \Delta \sigma_i^e K'$ 就可求出弹性温度应力。

　　一般所说的大体积混凝土温度应力是早期抗拉应力,产生早期抗拉应力的时间从开始浇筑混凝土至水化放热即将结束,这个阶段有两个特点:一是因水泥水化放出大量水化热,引起温度场的急剧变化;二是混凝土弹性模量随时间急剧变化。混凝土的弹性模量的计算公式如下:

$$E(t) = E_0[1-\exp(-0.40t^{0.34})]$$

式中:t 为龄期;E_0 为最终弹性模量。

　　由《混凝土结构设计规范》(GB 50010—2010)可知,强度等级为 C25 的混凝土的弹性模量 E_c 为 2.80×10^{10} Pa,C30 混凝土的弹性模量 E_c 为 3.00×10^{10} Pa,C28 混凝土的弹性模量 E_c 采用内插法得到,为 2.92×10^{10} Pa。

　　该工程采用的混凝土强度等级为 C28,其弹性模量理应为 2.92×10^{10} Pa,但是它不是一般的混凝土,而是大体积粉煤灰混凝土,并且处在高温高湿的环境中,养护温度及外加剂和粉煤灰对混凝土的弹性模量都有影响,具体影响如下:

　　① 养护温度影响水泥水化的速度,因而影响混凝土弹性模量的发展,养护温度越高,混凝土弹性模量的增长越快。本工程周围环境温度为 36 ℃,相对湿度为 90%,这将加速混凝土弹性模量的增长。

　　② 大体积混凝土中常掺用外加剂,如减水剂、引气剂、缓凝剂等。不同的外加剂对混凝土的作用不同,对弹性模量的影响也不同。大体上,外加剂对混凝土弹性模量的影响程度与它对混凝土强度的影响程度成正比:掺用外加剂后,混凝土强度提高的越多,其弹性模量提高的就越多,反之亦然。若混凝土强度变化不大,则弹性模量的变化也不大。本工程水胶比比较大,加入减水剂后混凝土强度提高不太大,弹性模量提高也不是很大。

　　③ 掺用粉煤灰对混凝土弹性模量也是有影响的,其影响程度正比于对强度的影响程度。粉煤灰混凝土的早期强度比不掺粉煤灰的低,早期弹性模量也比不掺粉煤灰的低;其后期强度比不掺粉煤灰的高,后期弹性模量也比不掺粉煤灰的高。总之,粉煤灰的加入减缓了混凝土弹性模量的增长。

　　由以上分析可知,有的因素加速混凝土弹性模量的增长,有的因素减缓混凝土弹性模量的增长,若近似认为最终弹性模量 E_0 就是弹性模量

E_c，综合考虑以上各种情况，该工程采用的强度等级为 C28 的大体积粉煤灰混凝土的最终弹性模量 E_0 可取 2.92×10^{10} Pa。上述公式即转化为

$$E(t) = 2.92 \times 10^{10} \times [\, 1 - \exp(-0.40t^{0.34})\,]$$

此函数关系曲线如图 4.11 所示。

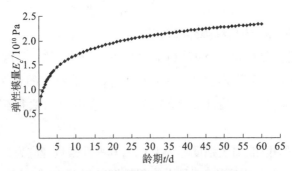

图 4.11 弹性模量与龄期的关系曲线

4.4 数值模拟

有限元分析就是利用有限元软件建立数学模型并求解，建立数学模型时必须考虑所有的节点、单元、材料属性、实常数、边界条件及受力情况等，必须能够准确地表现出该结构系统的特征。

本节将在有限元分析软件 ANSYS 的通用平台上，通过参数化设计语言（APDL）和多种 ANSYS 内部函数，编制宏命令来控制 ANSYS 程序对大体积粉煤灰混凝土水闸墙的浇筑温度场进行仿真分析。温度场分析主要利用 ANSYS 热分析模块，该模块基于能量守恒定律的热平衡方程，用有限元方法计算各节点的温度，并导出其他物理参数。ANSYS 的热分析有稳态和瞬态之分，工程上一般用瞬态热分析计算温度场。

4.4.1 数值模拟软件 ANSYS 简介

ANSYS 软件是美国 ANSYS 公司开发的融结构、岩土、流体、电场、磁场、声场及热分析于一体的有限元分析软件，在航空、汽车、机械、土木、矿业等众多工业领域有广泛的应用。

ANSYS 软件能在所有主流计算机硬件平台和操作系统运行，同时能与大多数 CAD 软件接口，实现数据共享和交换。

ANSYS 软件主要包括三个部分：前处理模块、求解模块和后处理模

块。前处理模块提供了一个强大的实体建模及网格划分工具,用户可以便捷地构造有限元模型;求解模块包括结构分析(可进行线性分析、非线性分析和高度非线性分析)、流体动力学分析、电磁分析、声场分析、热分析及多场耦合分析,可模拟多种物理介质的相互作用,具有灵敏度分析及优化分析能力;后处理模块可以将计算结果以彩色等值线显示、梯度显示、矢量显示、粒子流迹显示、立体切片显示、透明及半透明显示(可看到结构内部)等图形方式显示出来,也可以将计算结果以图表、曲线形式显示或输出。软件提供了 100 种以上的单元类型,用来模拟工程中的各种结构和材料。

启动 ANSYS 后,可以从开始平台进入各处理模块,如 PREP7(通用前处理模块),SOLUTION(求解模块),POST1(通用后处理模块),POST26(时间历程后处理模块)。用户的指令可以通过鼠标点击菜单项来选取和执行,也可以在命令输入窗口通过键盘输入。各模块简介如下。

(1)前处理模块 PREP7。

双击主菜单中的 Preprocessor,进入 ANSYS 的前处理模块。这个模块主要有两部分内容:实体建模和网格划分。

① 实体建模。ANSYS 程序提供了两种实体建模方法:自顶向下与自底向上。用户可使用布尔运算(相加、相减、相交、分割、黏结和重叠)来组合数据集,从而形成一个实体模型。

② 网格划分。ANSYS 程序提供了使用便捷的可对模型进行网格划分的功能,包括多种网格划分方法,如延伸划分、映射划分、扫掠划分、自由划分和自适应划分等。

(2)求解模块 SOLUTION。

前处理阶段完成建模以后,用户可以在求解阶段获得分析结果。用户可以根据实际情况和需要施加边界条件,定义分析类型,分析选项、载荷数据和载荷步选项,然后进行有限元求解。ANSYS 软件提供的分析类型主要有以下几种。

① 固体(结构、岩土)静力分析。用于求解外载荷引起的固体介质的位移、应力和力。静力分析很适合求解惯性和阻尼对固体的影响并不显著的问题。ANSYS 程序中的静力分析不仅可以进行线性分析,而且可以进行非线性分析,如塑性、蠕变、膨胀、大变形、大应变及接触分析。

② 固体(结构、岩土)动力分析。固体动力分析用来求解随时间变化的载荷对固体(结构或岩土)的影响。与静力分析不同,动力分析要考虑随时间变化的力、载荷及其对阻尼和惯性的影响。ANSYS 可进行的动力分析类型包括瞬态动力分析、模态分析、谐波响应分析及随机振动响应分析。

③ 固体结构非线性分析。固体结构非线性导致结构或部件的响应与外载荷不成比例变化。ANSYS 程序可求解静态和瞬态非线性问题,包括材料非线性、几何非线性和单元非线性三种。

④ 动力学分析。ANSYS 程序可以分析大型三维柔体运动。当运动的积累影响起主要作用时,可使用这些功能分析复杂结构在空间的运动特性,并确定结构中由此产生的应力、应变和变形。

⑤ 热分析。ANSYS 程序可处理热传递的三种基本类型:传导、对流和辐射。这三种类型均可进行稳态和瞬态、线性和非线性分析。热分析还具有模拟材料固化和熔解过程的相变分析能力及模拟热与结构应力之间的热-结构耦合的分析能力。

⑥ 其他。如电磁场分析、流体动力学分析、声场分析、压电分析等。

(3) 后处理模块 POST1 和 POST26。

ANSYS 软件的后处理过程包括两个部分,即通用后处理模块 POST1 和时间历程后处理模块 POST26。通过友好的用户界面,很容易获得求解过程的计算结果并显示。这些结果可能包括位移、温度、应力、应变、速度及热流等,输出形式可以有图形显示和数据列表两种。

① 通用后处理模块 POST1。该模块能以图形形式显示和输出分析结果。例如,计算结果(如应力)在模型上的变化情况可用等值线图表示,不同的等值线颜色代表不同的值(如应力值);浓淡图则用不同的颜色代表不同的数值区(如应力范围),清晰地反映出计算结果的区域分布情况。

② 时间历程后处理模块 POST26。该模块用于检查一个时间段或子步历程中的结果,如节点位移、应力或支反力。这些结果能通过绘制曲线或列表查看,绘制一个或多个变量随频率或其他量变化的曲线,有助于形象化地表示分析结果。另外,POST26 还可以进行曲线的代数运算。

针对所研究问题的复杂性,在综合分析目前国内外著名的数值计算软件及其应用状况后,本书确定采用 ANSYS 作为工具,进行大体积粉煤灰混凝土温度场的数值模拟计算。主要基于如下考虑：

第一，作为通用有限元分析软件，ANSYS 具有强大的前处理功能，通过对不同实体进行布尔运算，可以建立与实际相符的实体模型，且操作简单。

第二，ANSYS 可实现对固体（结构、岩土）的整体分析，可任意设定荷载情况，并可完成复杂荷载情况的组合；在整体分析的同时，还可对感兴趣的细部加密网格，得到较为精确的细部结果，也可对该问题的细部单独建模，将整体分析的结果引入细部模型，从而得到更为精确的计算结果。

第三，ANSYS 软件可以实现各种复杂的计算假定，从而使计算结果更接近实际情况。

第四，ANSYS 软件强大的后处理功能为计算结果的直观应用创造了有利条件。

最后值得一提的是，针对结构工程研究领域，ANSYS 程序可提供混凝土材料模式，在该材料模式中，若输入水泥的水化热、相应材料的初始温度及结构的边界条件，则可以模拟大体积粉煤灰混凝土的温度场，满足研究要求。

4.4.2　几何模型

根据该水闸墙设计要求，混凝土浇灌应连续进行，当不能连续浇灌时，应留好接茬面，间隔时间不得超过混凝土的初凝时间。为防止冷接头，混凝土原则上应采用连续灌注工艺。

因受矿井下巷道内施工条件限制，且总工程量大，水闸墙不可能实现连续浇筑。因此，将水闸墙分为三节施工，每节实现连续浇筑，节与节之间进行壁后注浆，在留设施工缝的前提下，每节采用垂直分层，纵向分段，倒台阶式浇筑。节、段长度及分层高度的确定如图 4.12 所示。其最大断面的水平尺寸为 8 410 mm，最小断面的竖向尺寸为 5 741−600×3＝3 941 mm，混凝土标号为 C28，仅在混凝土墙体四周和前后布设钢筋网。

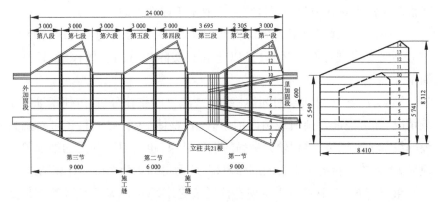

图 4.12 水闸墙分段分层示意图(单位:mm)

① 主体墙分为三节,第一节 9 000 mm,第二节 6 000 mm,第三节 9 000 mm。每一节分二或三段,每段约 3 000 mm,即共分三节八段。

第一节分三段:3 000 mm,2 305 mm,3 695 mm。

第二节分两段:3 000 mm,3 000 mm。

第三节分三段:3 000 mm,3 000 mm,3 000 mm。

② 共分 14 层。

由于实际水闸墙形状复杂,导致有限元模型构建困难,本研究在保证反映水闸墙内部温度场的前提下,抓住主要因素,忽略次要因素的影响,以比较典型的第二节进行分析,将水闸墙建成一个截面为 形的六棱柱。该六棱柱的长即水闸墙第二节的长度,理应为 6 000 mm,但考虑到水闸墙所分的三节当中有两节长为 9 000 mm,所以该六棱柱的长按每节的典型长度 9 000 mm 考虑,其截面左右对称,总高度为 7 200 mm,底边、顶边长分别为 7 200 mm 和 2 400 mm,两条竖边长均为 4 800 mm。由图 4.12 可知,横断面实际最大处分 14 层,最小处分 7 层,现折中一下,按 12 层建模,每层厚 600 mm,每 8 小时浇一层,24 小时浇 3 层,4 天浇完一节。用 AN-SYS 模拟出分段分层浇筑过程,以便更真实地反映水闸墙整个墙体温度场的分布。

水闸墙周围的围岩应视为半无限大物体。按不稳定热理论,当混凝土温度发生变化时,受混凝土温度影响的围岩深度不是一个定值,而是随时间的延长而增加的变量。理论上来说,随着时间 t 的延长,受影响的围岩深度不断增加。但实际上达到一定深度后围岩的温度变化已很小,在工程上可视为已无影响。为此,在保证水闸墙内部温度场精度的前提下,水闸墙周围的围岩深度统一取 7 200 mm。另外,考虑到热传递的无方向性,水闸墙周围的围岩沿轴向的长度在 $+z$, $-z$ 方向都比水闸墙长出 750 mm。

4.4.3　单元选择

本书研究的重点是分析水闸墙在混凝土水化热作用下内外最大温差及最大温度应力,分析方法采用间接法。采用间接法需要用到热应力耦合分析,即在计算出温度场之后,要将热分析单元转化为相应的结构单元,进行热应力分析。

在 ANSYS 提供的 Thermal Solid 单元类型中,常用的三维单元有 Brick 8node 70 和 Brick 20node 90;在 ANSYS 提供的 Structural Solid 单元类型中,常用的三维单元有 Brick 8node 45 和 Brick concrete 65。针对本研究的重点,在 ANSYS 提供的众多热分析单元类型、结构分析单元类型和材料模式中,确定混凝土热分析单元类型选择 Solid70 单元,混凝土结构分析单元类型选择 Solid65 单元,材料模式选择 Concrete 材料,自定义完全弹塑性的非线性材料,以模拟大体积粉煤灰混凝土水闸墙,分析水闸墙在混凝土水化热作用下的内外最大温差、最大温度应力。围岩的热分析单元类型、结构分析单元类型的选取也分别与混凝土水闸墙的单元选取相同,即分别取 Solid70 和 Solid65 单元。

Solid70 单元是由 8 个节点组成的三维单元,具有三维热传导能力,每个节点只有 1 个自由度——温度,该单元适用于三维稳态或瞬态热分析,可与不同的材料模式匹配模拟空间结构在复杂环境下的温度场。

Solid65 单元是由 8 个节点组成的三维单元,每个节点有 3 个自由度,可与不同的材料模式匹配。该类单元最多可以定义三种不同规格的钢筋,可以模拟钢筋混凝土或素混凝土空间结构在复杂应力下的塑性变形、流变、拉裂和压碎。

4.4.4　有限元模型的建立

以上面确立的几何模型(包括水闸墙和 7 200 mm 深度的围岩)为基础,建立有限元模型。由于我们关心的是水闸墙温度场的分布,而不是围岩的温度场分布,因此对水闸墙采用映射网格划分,对围岩则采用自由网格划分,以便更好地观察、分析水闸墙内温度场的分布,最终对几何模型划分了 7 498 个节点和 6 600 个单元,建立的有限元分析模型如图 4.13 所示。

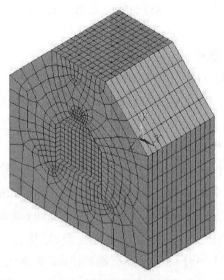

图 4.13 有限元分析模型

首先进行瞬态热分析,选取的热分析单元类型为三维 Solid70 单元,定义导热系数 λ、密度 ρ、比热容 c 及混凝土或岩石与空气之间的对流换热系数 h 等材料性能参数。

对于大体积混凝土水闸墙,由大体积混凝土温度场的理论解法可知,该工程所用混凝土的导热系数 λ 取 3.245 7 W/(m · ℃),但是在采用有限元方法计算不同龄期的温度场时,龄期不以 s 为单位,而是以 d 为单位,所以 λ = 3.245 7 W/(m · ℃) = 3.245 7 J/(s · m · ℃) = 280.43 kJ/(d · m · ℃),密度取 2 400 kg/m³,比热容取 0.976 [kJ/(kg · ℃)]。对于水闸墙周围的围岩,导热系数 λ 取 300.89 kJ/(d · m · ℃),密度取 2 600 kg/m³,比热容取 0.945 [kJ/(kg · ℃)]。混凝土或岩石与空气之间的对流换热系数 h 比较接近,为方便起见,均取 2 016 kJ/(d · m² · ℃)。

然后进行结构的热应力分析,选取的结构分析单元类型为三维 Solid65 单元,定义密度 ρ、弹性模量 E、泊松比 μ、参考温度 T 和热膨胀系数 α_c 等材料性能参数。由大体积混凝土温度应力的理论解法可知,混凝土不同龄期的弹性模量 E 是根据公式 $E(t) = 2.92 \times 10^{10} \times [1-\exp(-0.40t^{0.34})]$ 选取的;混凝土的泊松比 μ 取 0.167;参考温度取混凝土的浇筑温度 25.3 ℃,

即混凝土的膨胀与收缩都以 25.3 ℃ 为参考点,高于 25.3 ℃ 膨胀,低于 25.3 ℃ 收缩;混凝土的热膨胀系数 α_c 取 $0.75×10^{-5}/$ ℃。

对于水闸墙围岩,弹性模量 E 恒取 $2.08×10^{10}$ Pa,泊松比 μ 取 0.167,参考温度取围岩的初始温度,围岩的热膨胀系数 α_c 取 $0.90×10^{-5}/$ ℃。

4.4.5　施加荷载及边界条件并求解

该水闸墙工程为高温高湿环境中的大体积防渗混凝土工程,施工地点气候条件十分恶劣,其周围的空气温度高达 40 ℃,空气相对湿度在 90% 以上,虽采取了隔热、加大风量、洒水降温、局部制冷等一系列降温措施,但空气温度仍在 36 ℃ 以上。另外,该混凝土工程所用混凝土从搅拌、泵送到浇筑、振捣,均处在高温高湿的环境中。

水闸墙墙体横向周围都是围岩,考虑到围岩长期处于高温高湿环境中,故认为围岩的初始温度等同于矿井巷道内空气温度 36 ℃。在水闸墙施工和养护阶段,纵向前后两个端面均处在矿井巷道高温高湿环境中,空气温度高达 36 ℃,空气相对湿度 90% 以上。

由大体积混凝土温度场的理论解法可知,新拌混凝土的出机温度 T_o 为 25.3 ℃,由于新拌混凝土采用泵送的浇筑方式,从拌制好到浇筑间隔时间很短,故假设大体积混凝土的浇筑温度 T_j 等于出机温度 T_o,即混凝土的浇筑温度 T_j 为 25.3 ℃。

水闸墙墙体横向周围 7 200 mm 深度的围岩模型初始温度取 36 ℃,所考虑的围岩与周围未考虑的围岩间是绝热的,即热流密度(热通量)为 0,分层浇筑的水闸墙模型每层的初始温度均取浇筑温度 25.3 ℃。

大体积混凝土水闸墙的浇筑温度场是瞬态、有内热源的,主要的传热方式为热传导和热对流。因热辐射影响较小,可忽略不计。根据实际施工状况,模拟实际对流和热生成情况,施加荷载,确定边界条件。水闸墙在分层浇筑的过程中,两个端面和刚浇筑层的顶面上及周围围岩和空气接触的表面上均存在空气和混凝土的热对流,属于热分析中的第三类边界条件,对流边界条件可以作为面荷载(具体输入参数为对流换热系数和环境温度)施加于实体的表面来计算固体和流体间的热交换。

利用 ANSYS 提供的函数功能可以简便地设定水泥的生热率函数,由温度场的理论分析可知,生热率函数为

$$f(t) = mQ_0 e^{-mt} = m \cdot m_c \cdot Q \cdot e^{-mt} = 0.384×311×330×e^{-0.384t}$$

水化系数 m 随混凝土浇筑温度的不同而不同,浇筑温度为 25.3 ℃ 时,m 取 0.384,将生热率(注意其单位为单位体积的热生成率)作为体荷载施加于单元上,模拟水泥的化学反应生热。需要注意的是,由于每层混凝土的龄期不同,其内部热生成率也不相同,为了保证模拟的真实性,本节根据实际施工的进度和各层混凝土的龄期把它们分别设定为不同的函数。

大体积混凝土水闸墙浇筑温度场仿真通过参数化设计语言(APDL),以及多种 ANSYS 内部函数编制宏命令控制 ANSYS 程序实现。仿真的关键是创建一个由 APDL 语言和 ANSYS 内部函数组成的宏,它首先要能正确反映每个增量步中各种时变参数的变化规律;其次要能真实模拟施工过程中结构的逐步增长,相应地计算模型和边界条件逐渐改变的情况;最后要考虑施工环境和施工措施的改变等。大体积混凝土的浇筑是一个动态过程,为了模拟其分层施工的过程,必须采用 ANSYS 软件的单元"生死"功能。在实际模拟过程中,一次将所有单元生成后,将混凝土单元全部"杀死",然后根据实际施工的进度,在相应的载荷步内,逐次激活已完成的浇筑层单元,并对其施加适当的荷载,以达到动态仿真施工过程的目的。具体来说,首先"杀死"所有的混凝土单元,然后针对每一浇筑层做如下处理:① 删除当前浇筑层与先前浇筑层共用界面上先前施加的边界条件;② 通过激活当前浇筑层单元来表示一个浇筑层的完成;③ 设定混凝土浇筑温度;④ 施加水化热体积载荷;⑤ 在当前浇筑层的临空面上施加对流边界条件,同时以循环过程来实现顺序浇筑过程的仿真。

确定总计算时间为 60 天,前 4 天每 1/3 天计算一次,子步长为 1/3 d;第 5 天到第 60 天每 1 天计算一次,子步长为 1 d,其他选项按瞬态热分析进行选定,分析计算。

4.4.6 计算结果分析

ANSYS 的后处理模块具有强大的功能,可以通过图形、曲线或列表的方式直观地显示温度或温度应力等结果,得到混凝土体任意时刻、任意位置的温度场及温度梯度,绘制彩色云图或等值线(面)图,进行计算结果的排序、查询、列表及数学运算,以及得到某一特定节点的温度曲线。

由数值模拟可知,大体积混凝土水闸墙最高温度点出现在第 9 天,出现最高温度的节点编号为 1286,该节点水平方向位于水闸墙的中心,竖直位置在 4.2 m 高度处（即浇筑的第 7 层混凝土顶面）。在出现最高温度点时，为了直观地分析大体积混凝土水闸墙内部温度场的分布，选取有代表性的截面温度场进行分析，过节点号 1286 的轴向竖截面和横断面温度云图分别如图 4.14 和图 4.15 所示。

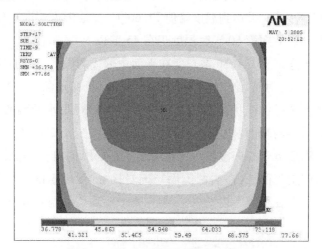

图 4.14　第 9 天轴向竖截面温度云图

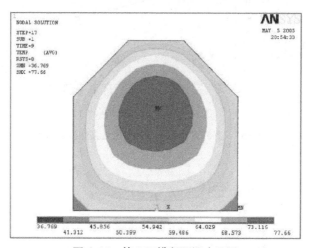

图 4.15　第 9 天横断面温度云图

由图 4.14 和图 4.15 可知，在水闸墙出现最高温度点时，水闸墙中心偏上的部位温度较高，最高温度为 77.66 ℃，越往外温度越低，角部温度最低，最低温度为 36.77 ℃，此时的内外最大温差为 40.89 ℃。各截面内等温线与其边界有一定的平行关系，大致呈圆形或椭圆形，由此可以推断该水闸墙内部的等温面大致呈球面或椭球面。

图 4.16 给出了 ANSYS 模拟的 1286 节点温度变化曲线，1286 节点在水闸墙的 4.2 m 高度处，位于第 7 浇筑层的顶面。从图中可以看出，此节点处混凝土在第 2.33 天刚浇筑完毕的初始温度为 25.3 ℃，在后面几天内温度急剧上升，第 9 天达到温度峰值 77.66 ℃，然后温度逐渐下降，但下降的速率逐渐减小，在第 60 天时温度仍在 45 ℃以上。

图 4.17 是第 9 天 1286 节点所在平面中轴线的温度变化曲线，考虑到水闸墙前后左右对称，各取中轴线的一半作为研究对象，可分别得到纵向、横向的半个抛物线状温度曲线。从图中可以看出，水闸墙的中央部分温度较高，前后两端面及左右两侧面温度较低；与 1286 节点相同的距离处，横向温度低于纵向温度。这是由于水闸墙纵向较长，前后两端面与空气接触，向空气散热，左右两侧面与围岩接触，混凝土的一部分热量向围岩传导，从而在水闸墙内沿纵向、横向形成不均匀的温度分布。

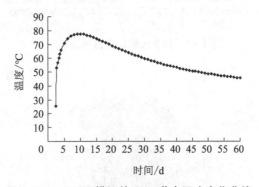

图 4.16　ANSYS 模拟的 1286 节点温度变化曲线

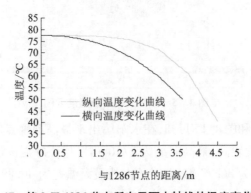

图 4.17　第 9 天 1286 节点所在平面中轴线的温度变化曲线

　　为了动态地了解水闸墙内温度场的变化情况,必须从某些有代表性的部位取出一些特征点来具体地反映混凝土的温度变化过程,下面将分别从竖直方向和水平方向着手进行分析。

　　图 4.18 给出了混凝土体中心竖直线上的温度分布情况,系列名称 T_i 表示第 i 天该竖直线上的温度分布情况。由于每天浇筑三层,即每天浇 1.8 m,所以 T_1,T_2,T_3 这三条温度曲线都只反映了混凝土体部分中心竖直线上的温度分布情况,而且在第 1,2,3,4 天都有刚浇筑好的一层混凝土,所以 T_1,T_2,T_3,T_4 曲线的最后都有一段水平段,表示刚浇筑混凝土的温度为 25.3 ℃。

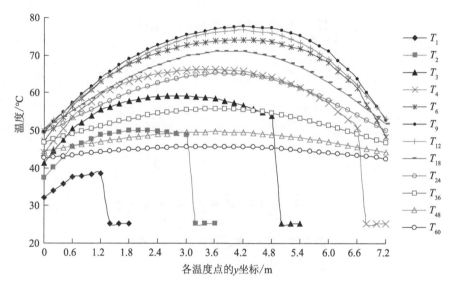

图 4.18　混凝土体中心竖直线上的温度分布情况

　　由图 4.18 可知,对于同一个节点,在前 9 天其温度随时间的延长而上升,在第 9 天温度达到最大值,然后温度开始下降;对于同一时间,该竖直线上温度是中间高两端低,在前 9 天,若不含刚浇筑的混凝土,该竖直线上温度梯度逐渐增大,温度峰值点逐渐上移,第 9 天温度梯度达到最大,约为 28 ℃,温度峰值点上移到最高位置,高度 4.2 m;第 9 天以后,该竖直线上温度梯度逐渐减小,温度峰值点逐渐下移。

　　图 4.19 至图 4.22 给出了 ANSYS 模拟的第 1,4,7,10 浇筑层顶面有代表性的节点的温度历程曲线。由于中心积聚大量水化热,且中心积聚的热量不易向外散失,所以中心点温度急剧上升,均在第 9 天达到最大

值,然后温度开始逐渐下降,但下降的速率逐渐减小。

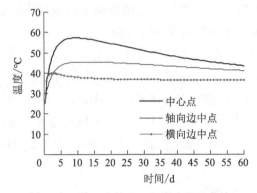

图 4.19   第 1 浇筑层顶面温度历程曲线

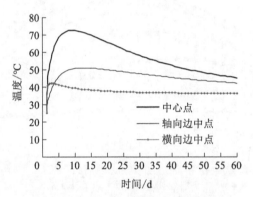

图 4.20   第 4 浇筑层顶面温度历程曲线

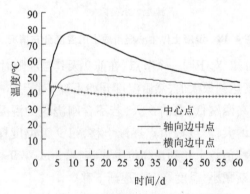

图 4.21   第 7 浇筑层顶面温度历程曲线

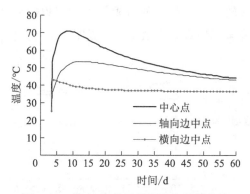

图 4.22　第 10 浇筑层顶面温度历程曲线

　　相比之下,横向边中部与周围的空气接触,周围空气的温度比较高,超过了混凝土的浇筑温度,再加上横向边中部自身的水化热,所以横向边中点的温度也急剧上升,但由于其热量来源主要是自身的水化热,而且周围空气的温度也不超过 36 ℃,所以其温度上升到 40~43 ℃时就不再上升了,然后温度开始缓慢下降,由于混凝土体内部温度都高于横向边的中部温度,混凝土与空气之间的对流换热又比较慢,所以温度下降的速率一直都很小,最终温度有稳定在 36 ℃的趋势。

　　轴向边中部与围岩接触,围岩的温度为 36 ℃,超过了混凝土的浇筑温度,所以轴向边中点的温度急剧上升到 36 ℃左右。再之后由于混凝土体与围岩间存在热传导,温度上升的速率逐渐减小,一般在第 12 天左右达到最大值,然后温度开始缓慢下降。

　　由这四层有代表性的温度历程曲线可以推测出,从混凝土浇筑完毕到第 60 天,在混凝土体的每一平面内几乎都是中心点温度最高,横向边中点的温度最低。由温度分布云图可知,对于同一浇筑层,能代表混凝土体外部温度整体分布情况的是各边的中点,因为外部大部分在一定深度范围内的混凝土的温度几乎都与各边中点的温度差不多。因此,假定中心点与各边中点的温度之差的最大值为混凝土的内外最大温差,在这种假定情况下,混凝土内外最大温差在 37 ℃左右,与现场实测的内外最大温差 37.5 ℃比较接近。

　　图 4.23 至图 4.27 给出了 ANSYS 模拟的各传感器测点温度与实测温度之间的关系,从图中可以看出,ANSYS 可以较好地模拟实测温度曲线,温度的总体变化趋势基本上是一致的,最高温度几乎都出现在第 7~9 天。

这说明用 ANSYS 软件建立起来的有限元模型可以很好地仿真实际混凝土温度场,采用有限元仿真分析温度场为温度控制提供依据是可行的。

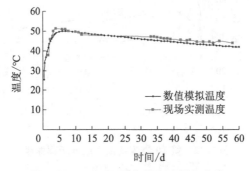

图 4.23　E10167 测点的温度历程曲线

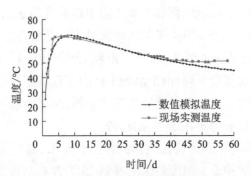

图 4.24　E10213 测点的温度历程曲线

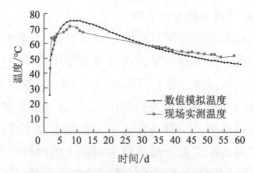

图 4.25　E10196 测点的温度历程曲线

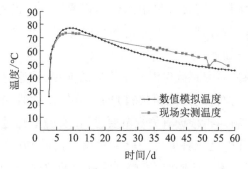

图 4.26 E10242 测点的温度历程曲线

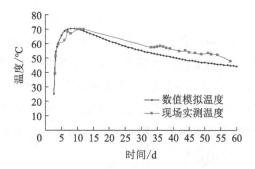

图 4.27 E10238 测点的温度历程曲线

从图中不难看出,升温所需的时间比较短,而降温则需要一段很长的时间,在降温过程中,前期温度梯度高,降温速度快,后期降温速度逐渐变慢。由于施工现场环境恶劣,各传感器并不一定埋设在预定位置,所以各传感器实测温度与各自预定位置处的数值模拟温度有一定的偏差,而且大体积混凝土实际施工中内部埋设了一定数量的冷却水管,所以实测最高温度一般比数值模拟的最高温度低几度。因为水闸墙实际工程在施工结束养护二十多天以后开始承受压力为 6.77 MPa、温度高达 48 ℃的水压,而数值模拟中并未考虑这种因素,所以后来的实测温度均又超过了数值模拟的温度。

4.5 本章小结

本章主要以实际工程为背景,从喷射混凝土原材料的研究入手,针对喷射混凝土实际所处的高温高湿环境,采用模拟试验的方法模拟现场的高温高湿环境,对试块进行养护、试压,最终确定了喷射混凝土的材料配方,为如何研究材料在特殊环境中的性能积累了一定的经验。整章以温度场的分析为核心,分别从理论分析和数值模拟的角度对温度场进行计算分析,具体结论如下:

（1）原材料的研究是确保混凝土优质的前提,从原材料的角度出发,通过对混凝土原材料（尤其是粗集料）的筛分析试验研究,采用人工级配的方式得到粗集料。再根据有关规范要求,在实验室经过反复试配,最终选取三种配方,并以这三种配方为研究对象,每种配方打三组试块,放在高温高湿的环境中养护。同时,考虑到混凝土的放热,模拟实际的环境对试验环境温度进行调整。分别在 48 h 和 72 h 试压,测定其抗压强度,选择抗压强度较高的一组作为喷射混凝土材料配方的最优方案,确保喷射混凝土的质量既满足特殊的高温高湿环境对大体积混凝土的要求,又满足水闸墙所承受水压的要求。环境的温湿度对混凝土的养护有着重要的影响,故在做材料试验时,一定要实时检测环境温湿度的变化,同时模拟实际环境的温湿度情况做适当调整,以确保真实反映事物的规律。喷射混凝土在高温高湿大型水闸墙工程中的应用为如何研究材料在特殊环境下的性能积累了一定的经验。

（2）针对工程实际情况,通过求解大体积混凝土的出机温度、浇筑温度、混凝土绝热温升、混凝土内部最高温度、混凝土表面温度及大体积混凝土内外最大温差,修正并完善了经验公式,进一步从理论上了解了大体积混凝土温度场的产生机理及分布情况。通过计算结果与实际监测结果的对比,说明了原经验公式的局限性,验证了修正经验公式的适用性。

（3）通过利用 ANSYS 建立有限元模型,模拟水化放热和对流边界条件来仿真大体积粉煤灰混凝土水闸墙的实际浇筑温度场,分析了整个施工过程中及施工结束一段时间内温度场的时间和空间分布规律。通过对比数值模拟结果与现场实测结果可知,ANSYS 可以很好地对施工过程进行仿真,其模拟结果与实际温度变化规律较吻合,说明 ANSYS 分析温度场具有一定的适用性。

（4）采用数值模拟分析温度场的方法可以供类似工程借鉴,在大体积混凝土设计或施工前,可以采用 ANSYS 软件对其温度场进行模拟,得到混凝土内部的最高温升及其温度分布的规律,确定温度峰值出现的时间。并可以此为依据,选取大体积混凝土温度控制的方法,以便更好地指导施工,防止出现施工裂缝。

第5章　不同温湿度环境对大体积粉煤灰混凝土裂缝影响的研究

本章采用物理试验、数值模拟和现场实测三种方法,研究具有相同配方的大体积粉煤灰混凝土结构在不同温度下结构的内外最大温差和最大温度应力,找出能使结构的内外温差和最大温度应力最小的温度环境,防止结构出现温度裂缝;采用数值模拟方法研究不同湿度下大体积粉煤灰混凝土结构的湿度应力场,并与不同温度下结构的温度应力场叠加,从而得到不同温湿度环境下结构的应力场分布,找出使结构的应力最小的温湿度环境,防止结构出现裂缝。

5.1　物理试验

5.1.1　试件设计与制作

考虑大体积粉煤灰混凝土的特点及现有的试验条件,本研究拟以煤矿巷道内水闸墙这一实际工程为原型,根据相似理论中边界条件相似设计两个相同的试验模型。即采用两个长度为 1 m、内径为 300 mm、壁厚为 40 mm 的涵管,涵管内装满粉煤灰混凝土,粉煤灰混凝土配合比如表 5.1 所示,即第 2 章的 5 号试验的配方。

表 5.1　粉煤灰混凝土配合比

| 试验号 | 混凝土原材料用量/（kg・m⁻³） | | | | | | W/C |
	水	水泥	粉煤灰	砂	碎石	减水剂	
5	191	311	133	652	1 063	6.66	0.43

在每个涵管内有代表性的位置处预埋 3 个温度传感器:中心点、中横截面上距边界 25 mm 处、中轴线上距端部 100 mm 处各一个,如图 5.1 所示。

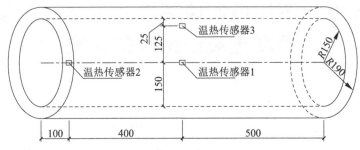

图 5.1　试验设计图(单位:mm)

温度传感器采用 WZPM-201 型热电偶,如图 5.2 所示。该热电偶分度号为 Pt100,测温范围为−100.0~150.0 ℃,每个热电偶引出 2 m 长的引线和测温仪表连接。

测温仪表采用奥特温度仪表厂生产的 XMT-102 型数显调节仪,如图 5.3 所示。该仪表精度为 0.5 级,量程为−49.9~149.9 ℃,配用分度号为 Pt100 的感温元件。

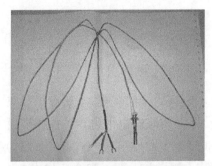

图 5.2　WZPM-201 型热电偶　　　图 5.3　XMT-102 型数显调节仪

涵管内混凝土表面温度的测量采用红外测温仪,如图 5.4 所示。该仪表所测温度能精确到 0.1 ℃。

为了使热电偶固定在涵管内有代表性的位置,不至于随着混凝土的浇筑而发生位置移动,应根据事先设计好的位置,把每个涵管内需要预埋的 3 个热电偶固定在一"井"字形钢筋架上,同时为了防止钢筋与热电偶之间产生导热,在钢筋与热电偶之间垫以泡沫,如图 5.5 所示。

图 5.4　红外测温仪

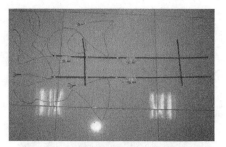

图 5.5　固定在钢筋架上的热电偶

5.1.2　对比试验安排

按照实际工程所用的配方,即第 2 章的 5 号正交试验的配方,将两个涵管同时用素粉煤灰混凝土浇满,然后将其中一个试验模型放在人工气候室内,近似模拟实际工程所处的高温高湿环境。人工气候室内的环境参数设置如下。

上午:8:30—8:45 喷水 15 min,9:30—11:30 加热灯照 2 h。

下午:2:30—2:45 喷水 15 min,3:30—5:30 加热灯照 2 h。

晚上:8:30—8:45 喷水 15 min,9:30—11:30 加热灯照 2 h。

环境温度方面,设置人工气候室内水箱的控制温度为 30 ℃,当环境温度低于 30 ℃时,水箱就开始自动加热,当温度重新回到 30 ℃时,水箱就自动停止加热。总之,水箱可确保人工气候室内环境温度稳定在 30 ℃左右,环境的相对湿度不低于 90%。

另一个试验模型放在实验室大厅(即普通环境)中。试验期间,在观测温度传感器读数的同时,对该试验模型周围的环境温湿度进行跟踪测量。通过测量可知,普通环境温度最高达到 15.8 ℃,最低为 8.8 ℃,平均温度为 11.5 ℃;环境相对湿度最高达到 77%,最低为 18%,平均相对湿度为 53.9%。

两个试验模型在混凝土浇筑之前,先安放固定有热电偶的钢筋架,如图 5.6 所示。浇筑时采用相同的粉煤灰混凝土同时浇筑,然后放在不同温湿度环境中养护,并实时监测模型内部温度、表面温度及所处环境的温湿度。混凝土内部及表面温度的测量如图 5.7 所示,总的监测时间为 7 天,第 1 天每 1 小时监测一次,第 2 天到第 3 天每 2 小时监测一次,第 4 天到第 7 天每 4 小时监测一次,然后将监测结果和数值模拟结果进行对比,进一步验证数值模拟分析温度场的适用性。

图 5.6　安放好钢筋架的模型

图 5.7　混凝土内部及表面温度测量

5.1.3　试验结果

通过对各物理模型内部温度进行为期 7 天的实时监测,可以得到不同温湿度环境下各热电偶测点处混凝土温度随时间变化的曲线。普通环境及特殊环境下物理模型内部各测点处混凝土温度随时间变化的曲线分别如图 5.8 和图 5.9 所示。

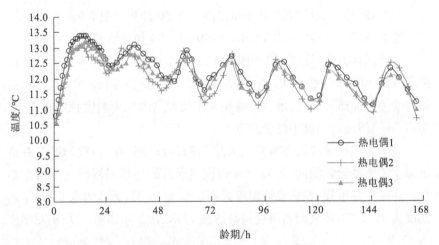

图 5.8　普通环境下各测点实测温度随时间变化的曲线

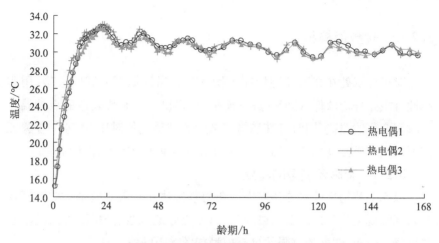

图 5.9　特殊环境下各测点实测温度随时间变化的曲线

由图 5.8 可知,各测点实测温度随时间变化的曲线呈波浪形,变化幅度一般在 1.5 ℃左右,变化周期近似为 24 h,这主要是由于模型内部混凝土受外界气温的影响,同时考虑到热传导需要一定的时间,所以混凝土内部各测点温度的波动与外界气温的波动相比有一定的滞后。但无论从波峰、波谷还是波浪的中心线来看,几乎都是在 14 h 左右达到最大值,然后逐渐下降。在整个监测期间的前一两天,热电偶 1 测点温度较高,这主要是由于混凝土内部产生了大量的水化热,而中心点又不易散热,因此该点大量积聚水化热。在整个监测期间的大部分时间内,热电偶 2 测点温度变化幅度最大,这主要是由于该测点处在模型的上端部,受外界气温的影响最大。

由图 5.9 可知,各测点实测温度随时间变化的曲线呈波浪形,变化幅度和普通环境下差不多,一般也在 1.5 ℃左右,变化周期也近似为 24 h,这主要是由于人工气候室内温度在一天之内也是波动的,但混凝土内部各测点温度的波动与外界气温的波动相比有一定的滞后。从波峰、波谷或波浪的中心线来看,几乎都是在 22 h 左右达到最大值,然后逐渐下降。在整个监测期间,热电偶 2 测点的温度变化幅度最大,这主要是由于人工气候室内除了水箱加热,还有加热灯照明加热,该测点处在模型的上端部,因此受外界的影响最大。

5.2 试验数值模拟

对于分别处在高温高湿特殊环境下与普通环境下的试验模型,用非线性有限元分析软件 ANSYS 进行模拟,可得出三个有代表性的点处温度随时间变化的曲线,同时将其和物理试验的结果进行对比,可进一步验证数值模拟分析温度场的适用性,同时求出每个模型的内外最大温差。

5.2.1 有限元模型的建立

以 5.1 节物理试验的几何模型图为基础建立有限元模型。对涵管及其内部混凝土均采用映射网格划分,以便更好地观察、分析涵管内混凝土温度场的分布,建立的有限元分析模型如图 5.10 所示。

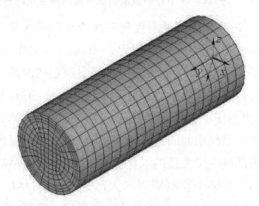

图 5.10 有限元分析模型

先进行瞬态热分析,选取三维 Solid70 单元为热分析单元类型,再定义导热系数 λ、密度 ρ 和比热容 c 等材料性能参数。

由于该物理试验所用混凝土与水闸墙实际工程所用混凝土相同,因此物理试验所用混凝土的各种物理参数的选取也和实际工程相同,混凝土的导热系数 λ 取 280.43 kJ/(d·m·℃),密度 ρ 取 2 400 kg/m³,比热容 c 取 0.976 kJ/(kg·℃)。

涵管虽然是混凝土材料做的,但考虑到制涵管材料所用混凝土的龄期已经足够长,且具有岩石性质,所以涵管材料的各种物理参数按岩石来选取,其导热系数 λ 取 300.89 kJ/(d·m·℃),密度取 2 600 kg/m³,比热容取 0.945 kJ/(kg·℃)。

5.2.2　边界条件

（1）普通环境下物理试验的边界条件。

由于提前几天就把涵管放在了试验环境中，并且用水进行了湿润，所以可认为涵管的初始温度等于周围的环境温度。由于受到外界气候的影响，周围环境的温度是变化的，所以涵管的初始温度采用周围环境温度的平均值 11.5 ℃。在涵管内混凝土浇筑完毕后的养护阶段，涵管及其内部混凝土轴向的两个端面均处在同样的环境中，温度取环境温度的平均值 11.5 ℃，相对湿度取环境相对湿度的平均值 53.9%。

（2）特殊环境下物理试验的边界条件。

由于提前几天就把涵管放置在人工气候室环境中，并且用水进行了湿润，所以可认为涵管的初始温度等于周围的环境温度。已知人工气候室内的环境温度是波动的，但一般稳定在 30 ℃，所以涵管的初始温度取 30 ℃。在涵管内混凝土浇筑完毕后的养护阶段，涵管及其内部混凝土轴向的两个端面均处在周围同样的环境中，温度取 30 ℃，相对湿度取 90%。

通过测量刚拌制混凝土的温度，得到混凝土的出机温度 T_0 为 10 ℃，由于该对比试验所用混凝土是同时搅拌、同时浇筑的，因此两种环境下涵管内混凝土的浇筑温度均取 10 ℃。

5.2.3　施加荷载并求解

对于普通环境下和特殊环境下的物理试验，涵管的初始温度分别取 11.5 ℃和 30 ℃，新浇筑混凝土的初始温度均取 10 ℃。在涵管内混凝土浇筑完毕后的养护阶段，涵管及其内部混凝土轴向的两个端面和空气接触的表面均存在空气和混凝土的热对流，属于热分析中的第三类边界条件，对流边界条件可以作为面荷载（具体输入参数为对流换热系数和环境温度）施加于实体的表面，并计算固体和流体间的热交换。

利用 ANSYS 提供的函数功能可以简便地设定水泥的生热率函数，生热率函数的选取和前面类似，只有水化系数 m 不同，公式如下：

$$f(t) = m Q_0 e^{-mt} = m \cdot m_c \cdot Q \cdot e^{-mt} = 0.318 \times 311 \times 330 \times e^{-0.318t} \quad (5.1)$$

水化系数 m 随混凝土浇筑温度的不同而不同，由表 4.8 可知，浇筑温度为 10 ℃时，m 取 0.318，将生热率（单位体积的热生成率）作为体荷载施加于单元上，可模拟水泥的化学反应生热。

本解法采用热应力耦合的间接法，即先进行热分析，确定总计算时间为 7 d。第 1 天每 1 小时计算一次,子步长为 1/24 d;第 2 天到第 3 天每 2 小时计算一次,子步长为 1/12 d;第 4 天到第 7 天每 4 小时计算一次,子步长为 1/6 d,其他选项按瞬态热分析选定并分析计算。

5.2.4　结果分析

通过对两种环境下物理试验的数值模拟,可以得到普通环境及特殊环境下各热电偶测点处数值模拟温度随时间变化的曲线,分别如图 5.11 和图 5.12 所示。

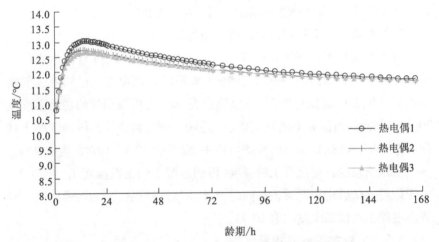

图 5.11　普通环境下各测点数值模拟温度随时间变化的曲线

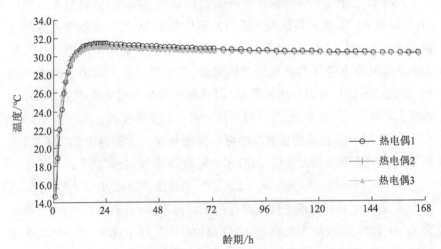

图 5.12　特殊环境下各测点数值模拟温度随时间变化的曲线

由图 5.11 可知,各测点数值模拟温度随时间变化的曲线先上升,在 14 h 左右达到最大值,然后开始平缓下降,最终稳定在平均气温 11.5 ℃ 左右。在整个计算期间,热电偶 1 所在中心点位置温度较高,这主要是由于混凝土内产生了大量的水化热,而中心点又不易散热,因此该点大量积聚水化热。中心点最高温度为 13.0 ℃,若表面温度取平均气温 11.5 ℃,则内外最大温差为 1.5 ℃。另外也可以看出,热电偶 1 所测中心点温度与另外两个热电偶所测的端部和侧部温度之差一般不超过 0.5 ℃,这主要是由于该试验模型混凝土体量比较小。

由图 5.12 可知,各测点数值模拟温度随时间变化的曲线先急剧上升,在 22 h 左右达到最大值,然后开始平缓下降,在整个计算期间,温度下降不超过 1.5 ℃,最终稳定在人工气候室平均温度 30 ℃ 左右。在计算期间,3 个热电偶所测温度都比较接近,这说明整个模型内部的温度场比较均匀,内外温差很小。原因主要是该试验模型混凝土体量比较小,混凝土内部产生的水化热很容易向外疏散,与此同时,外界环境的热量也很容易向模型内部传导。中心点最高温度为 31.4 ℃,若表面温度取环境平均温度 30 ℃,则内外最大温差为 1.4 ℃,比普通环境下的内外最大温差低 0.1 ℃,差别不是太明显,这说明环境温度越高,内外最大温差越小,但由于混凝土体量较小,因此差别不是很明显。

为了进一步验证数值模拟分析温度场的适用性,现把每种环境下具体某个测点的实测温度与数值模拟温度绘制在同一个图上进行对比。普通环境下与特殊环境下热电偶 1、2、3 测点的温度随时间变化的曲线如图 5.13 至图 5.18 所示。

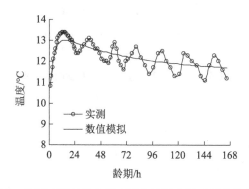

图 5.13　普通环境下热电偶 1 测点的温度随时间变化的曲线

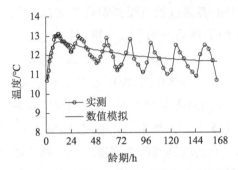

图 5.14　普通环境下热电偶 2 测点的温度随时间变化的曲线

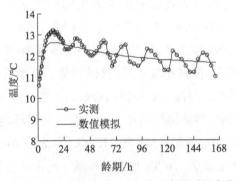

图 5.15　普通环境下热电偶 3 测点的温度随时间变化的曲线

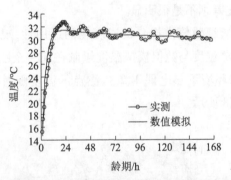

图 5.16　特殊环境下热电偶 1 测点的温度随时间变化的曲线

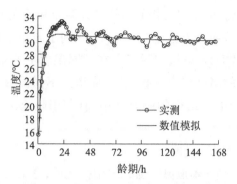

图 5.17　特殊环境下热电偶 2 测点的温度随时间变化的曲线

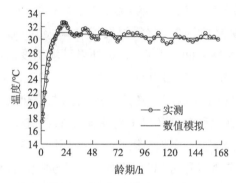

图 5.18　特殊环境下热电偶 3 测点的温度随时间变化的曲线

　　由图 5.13 至图 5.18 可知,由于物理试验模型较小,不属于大体积混凝土,因此混凝土内部温度容易受到外界环境温度的影响,所以实测温度呈现一定的波动性。若忽略实测温度的波动性,仅将实测温度曲线的中心线与数值模拟温度曲线的中心线进行对比,基本上还是比较吻合的,这就说明了数值模拟分析温度场的适用性。

　　考虑到用物理试验模拟大体积混凝土的不便性,以及用较小体量混凝土模拟大体积混凝土的不准确性,本书把实际工程看作物理模型,并用 ANSYS 模拟该工程在不同的温湿度环境下时内部温度场和湿度场的分布,以及温度应力和湿度应力的分布。

5.3　工程数值模拟

　　首先用有限元分析软件 ANSYS 模拟实际工程在不同温度环境下的

温度场及温度应力场,求出结构的内外最大温差和最大温度应力,分析能使结构的内外温差和最大温度应力最小、有利于防止出现温度裂缝的温度环境;然后用 ANSYS 模拟实际工程在不同湿度下的湿度应力场,并与不同温度下结构的温度应力场叠加,从而得到不同温湿度环境下结构的应力场分布,分析能使结构的应力最小、有利于防止出现裂缝的温湿度环境。

5.3.1 温度场的模拟

在验证了 ANSYS 模拟温度场的适用性之后,考虑到实际工程数量的有限性,本节将用有限元分析软件 ANSYS 对环境温度(包括围岩和空气温度,设围岩温度和空气温度相同)为 6 ℃、21 ℃及 36 ℃的情况分别进行数值模拟,数值模拟时混凝土浇筑温度均取 25.3 ℃,以期找出外部环境温度与内部最高温度之间的关系,分析外界环境温度对混凝土内外最大温差影响的规律,找出能使结构的内外温差最小的温度环境,从而使最大温度应力最小,避免出现温度裂缝,解决好保温与散热的矛盾关系。

通过第 4 章在三种温度环境下对水闸墙的数值模拟可知,大体积混凝土水闸墙最高温度点均出现在第 9 天。当环境温度为 6 ℃和 21 ℃时,出现最高温度的节点编号为 2195,该节点水平方向位于水闸墙的中心,竖直位置在 3.6 m 高度处(即第 6 浇筑层顶面)。当环境温度为 36 ℃时,出现最高温度的节点编号为 1286,该节点水平方向位于水闸墙的中心,竖直位置在 4.2 m 高度处(即第 7 浇筑层顶面)。需要说明的是,当环境温度为 36 ℃时,节点 2195 与节点 1286 的温度历程曲线几乎重合在一起,节点最高温度也几乎相同,而且两个节点的位置也比较接近,为了便于分析,认为环境温度为 6 ℃、21 ℃和 36 ℃时出现最高温度的节点编号均为 2195,该节点刚好位于水闸墙的中心,以后若无特殊说明,中心点就指 2195 节点。

为了得到外界环境温度对大体积混凝土最高温度点温度的影响规律,将不同温度环境下中心点温度及其温差历程曲线绘制在同一张图上,如图 5.19 所示,图中 $T\text{-}i$ 表示环境温度为 i,$D\text{-}i\text{-}j$ 表示环境温度 i 与环境温度 j 的中心点温度的差值。

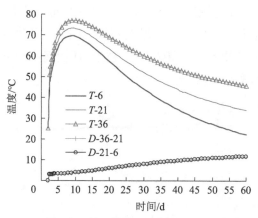

图 5. 19　不同温度环境下的中心点温度及其温差历程曲线

由图 5. 19 可知,在不同的环境温度下,前期中心点温度历程曲线均急剧上升,且均在第 9 天达到最高温度,这主要是因为混凝土体尺寸比较大,又是热的不良导体,前期混凝土内部的热量来源主要是混凝土自身的水化热,且前期水泥水化速率比较快,所以中心区域大量积聚水化热,中心点温度急剧上升。定性来看,环境温度越高,中心点最高温度也越高,不过中心点最高温度的差值远小于对应环境温度的差值;定量来看,环境温度每提高 15 ℃,中心点最高温度提高 3.7 ℃,中心点最高温度提高的幅度仅为环境温度提高幅度的 24.7%,理论上称这种现象为环境温度对混凝土内部温度影响的"弱化效应"。从图中还可以看出,第 9 天之后温度均开始下降,下降的速率都逐渐减小,环境温度低时比环境温度高时温度下降速率大,但都有下降到环境温度的趋势。温差历程曲线表明,中心点温度差值一直在增加,最终有增加到环境温度差值的趋势,这主要是由于混凝土是热的不良导体,外界环境温度对混凝土中心区域的影响速度比较缓慢,这种现象就是环境温度对混凝土内部温度影响的"滞后效应"。

图 5. 20 是不同温度环境下第 9 天中平面(中心点所在平面)上中轴线的温度变化曲线,考虑到水闸墙前后左右对称,取中轴线的左右两部分作为研究对象,可得到纵向、横向的半个抛物线状温度曲线。从图中可以看出,对于相同的温度环境,在与中心点相同的距离处,横向中轴线温度一般低于纵向中轴线温度,这主要是水闸墙轴向尺寸比横向尺寸大的缘故。对于不同的温度环境,在同一中轴线(包括横向和纵向)温度变化曲

线几乎是平行的,环境温度越低,同一中轴线上同一节点的温度也越低。因此,图5.20表明,对于不同的温度环境,在同一中轴线上距中心点越近,温差越小,这主要是因为距中心点越近,环境温度对混凝土体内部温度影响的"弱化效应"越明显。

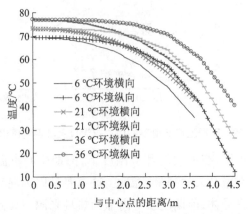

图 5.20　不同温度环境下第 9 天中平面上中轴线的温度变化曲线

图 5.19 和图 5.20 从定性和定量两方面初步说明了外界环境温度对混凝土体内部温度的影响规律:环境温度越低,混凝土体内部温度也越低。然后又从理论上对这一规律进行了解释,其中"滞后效应"和"弱化效应"分别从时间和空间上反映了环境温度对混凝土体内部温度影响的规律。

为了动态地了解水闸墙内外最大温差的变化情况,必须从某些有代表性的部位取出一些特征点来具体地反映混凝土的温度变化过程。过 2195 节点的横截面平行于空气界面,即该横截面的四周都是围岩,不能全面反映水闸墙内部温度场的分布;过 2195 节点的水平面(即第 6 浇筑层顶面,也就是中平面)有两平行边与围岩接触,有两平行边与空气接触,因而能全面反映混凝土水闸墙内部温度场的分布。这里取 2195 节点的中平面进行分析。

图 5.21 至图 5.23 给出了 ANSYS 模拟的不同温度环境下中平面上有代表性的节点的温度历程曲线。由于中心积聚大量水化热,混凝土又是热的不良导体,中心积聚的热量不易向外散失,外界环境温度也不易影响到中心点,所以中心点温度均急剧上升,在第 9 天达到最大值,然后温度开始下降,且下降速率逐渐减小,环境温度越低,到 60 天时下降的幅度越大,主要原因是轴向边中部与围岩接触,二者之间存在热传导。

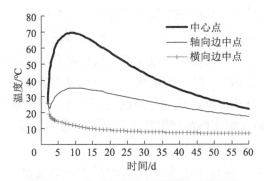

图 5.21　6 ℃环境下中平面温度历程曲线

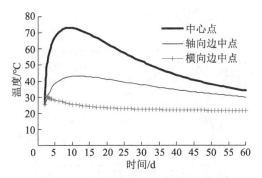

图 5.22　21 ℃环境下中平面温度历程曲线

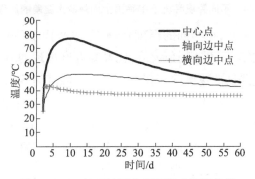

图 5.23　36 ℃环境下中平面温度历程曲线

　　相比之下,横向边中部与周围的空气接触,周围空气温度对横向边中点温度影响比较大。混凝土浇筑温度已确定为 25.3 ℃。由图 5.21 至图 5.23 可知,如果浇筑温度比周围空气温度高很多,混凝土自身的水化热就不足以弥补混凝土的降温,温度就会快速降低;如果浇筑温度与周围空气温度比较接近,混凝土温度就会因自身的水化热而突然上升,然后缓慢降低;如果浇筑温度比周围空气温度低很多,空气传热再加上混凝土自身的水化热就会使混凝土温度急剧上升,然后缓慢下降。总体来说,无论在何种温度环境下,横向边中点温度都很快趋近于环境温度。

图 5.21 至图 5.23 表明,前期轴向边中点温度均缓慢上升,在第 9 天达到最大值,且环境温度越高,最大值也越大;然后开始缓慢下降,环境温度越低,到第 60 天时下降的幅度越大。其主要原因是轴向边中部与围岩接触,与围岩之间存在热传导。

假定中心点与各边中点温度之差的最大值为混凝土的内外最大温差,在这种假定情况下,将不同温度环境下中平面上内外最大温差的历程曲线绘制在同一张图上,如图 5.24 所示。

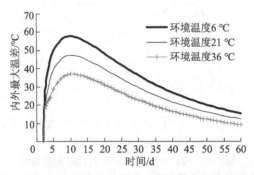

图 5.24　不同温度环境下中平面上内外最大温差的历程曲线

由图 5.24 可知,在不同的温度环境下,中平面上内外最大温差都是先急剧增大,在第 10 天达到最大值,比最高温度出现的时间推迟一天,然后逐渐降低,但降低的速率逐渐变小。当环境温度为 6 ℃、21 ℃和 36 ℃时,内外最大温差分别为 57.8 ℃、47.4 ℃和 37.1 ℃,由此可见,环境温度越低,混凝土体内外最大温差越大,环境温度每升高 15 ℃,内外最大温差可降低 10 ℃左右,这说明,较高的环境温度能降低混凝土体的内外温差,这就是大体积混凝土表面“保温法”的原理。

当环境温度为 36 ℃时,内外最大温差为 37.1 ℃,在此基础上要使内外温差再降低 37.1 ℃,即降低到 0 ℃,环境温度就要上升约 56 ℃,即从 36 ℃上升到 92 ℃。当环境温度为 92 ℃时,通过 ANSYS 模拟可知,内外温差已经很小了。但实际上环境温度不能无限制地升高,为了降低混凝土的内外温差,与表面保温对应的就是内部降温。内部降温方法主要包括降低浇筑温度法与预埋冷却水管降温法。

5.3.2　温度应力场的模拟

在模拟环境温度为 6 ℃、21 ℃ 和 36 ℃ 的温度场之后,再分别模拟其温度应力场。需要说明的是,此温度应力场包含重力场。

本研究采用热应力耦合的间接法,即首先进行热分析,求出不同龄期的温度;然后将热分析求得的节点温度作为体载荷运用于结构应力分析,进而求出相邻龄期的温差;再用对应时刻的弹性模量求出相邻龄期弹性温度应力的增量;最后将计算得到的应力值叠加得到对应龄期的弹性温度应力,从而计算出应力结果。主要步骤如下:将热分析单元 Solid70 转化为对应的结构分析单元 Solid65;利用 APDL 宏程序设计语言定义混凝土材料性能参数变化的过程(由弹性模量变化引起),同时将混凝土与基岩的参考温度分别设置为各自的初始温度(混凝土的初始温度即浇筑温度);定义边界条件,导入热分析结果进行求解。

确定总计算时间为 60 天,前 4 天每 8 小时计算一次,子步长为 1/3 d;第 5 天到第 60 天每天计算一次,子步长为 1 d;其他选项按热应力分析的要求选定,并分析计算。

由不同温度环境下温度场的模拟可知,大体积混凝土水闸墙最高温度点一般位于中心点附近,均出现在第 9 天,其内外最大温差一般出现在第 10 天。同时,考虑到对大体积混凝土裂缝起控制作用的主要是 $S1$(第一主应力),因此对第 10 天过中心点的三条相互垂直的直线上 $S1$ 的分布规律进行分析。

图 5.25 和图 5.26 为不同温度环境下第 10 天过中心点的竖直线上 $S1$ 的变化曲线和中平面内的中轴线上 $S1$ 的变化曲线,图中字母 s、h 和 z 分别表示竖向、横向和纵向。考虑到水闸墙前后左右对称,对中平面内中轴线上 $S1$ 的变化情况各取一半进行研究。

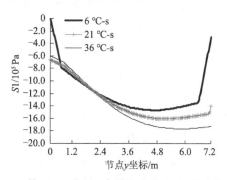

图 5.25　第 10 天过中心点的竖直线上 $S1$ 的变化曲线

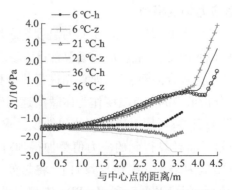

图 5.26　第 10 天中平面内的中轴线上 $S1$ 的变化曲线

图 5.25 表明,在第 10 天,无论环境温度如何,该竖直线上的 $S1$ 都为负值,而且当节点 y 坐标大于 3.6 m 时,$S1$ 的绝对值较大。图 5.26 表明,在第 10 天,中平面内纵向中轴线上距中心点约 3 m 以内的节点,其 $S1$ 值均为负值,横向中轴线上节点的 $S1$ 值均为负值。这说明无论环境温度如何,在第 10 天,水闸墙内大部分都处于受压状态,且中心偏上部位抗压应力较大,只在水闸墙端部的小范围内出现抗拉应力。由温度场的模拟结果可知,在第 10 天,混凝土体中心区域温度升高的幅度大于边缘区域,若不受任何约束,则中心区域的温度膨胀值大于边缘区域的温度膨胀值。实际上,中心区域是受围岩和端部混凝土共同约束的,因而中心区域产生抗压应力,端部混凝土产生抗拉应力。

图 5.25 和图 5.26 中第 10 天同一条直线上同一节点的 $S1$ 的变化可知,若该节点位于水闸墙的非端部区域,则此节点受压,且环境温度越低,其抗压应力越小,不过受环境温度的影响不是太明显;但若该节点位于水闸墙的端部区域,则此节点受拉,且环境温度越低,其抗拉应力越大,而且受环境温度的影响比较明显。前者是由于环境温度越低,水闸墙内部混凝土的温升越小,因而其抗压应力也越小,且由于存在环境温度对混凝土体内部温度影响的"弱化效应",因此其抗压应力受环境温度的影响不是太明显;后者是由于环境温度越低,水闸墙体内部温升越小,且因为"弱化效应",所以不同温度环境下内部温升的差值小于外界环境温度的差值,水闸墙体内外温差比较大。若墙体不受任何约束,则环境温度越低,内部膨胀值就越小,但和环境温度高的相比其膨胀值并不是很小;而墙体端部的膨胀值受环境温度影响比较大,环境温度越低,膨胀越小。实际上,墙

体受到围岩和端部混凝土的约束,因而环境温度越低,端部混凝土的抗拉应力越大。

为了动态了解水闸墙内温度应力的变化情况,必须从某些有代表性的部位取出一些特征点来具体地反映混凝土的应力变化过程。中平面位于水闸墙的中部,其温度应力的分布最具代表性,能全面反映混凝土水闸墙温度应力的分布,因而取中平面进行分析。图 5.27 至图 5.32 给出了不同温度环境下中平面纵、横轴线上节点的 $S1$ 历程曲线,图中数字表示该节点与中心点的距离,若数字为 0 则表示该节点为中心点;若数字为 1.2 的倍数,则表示该节点位于横向轴线上;若数字为 1.5 的倍数,则表示该节点位于纵向轴线上。

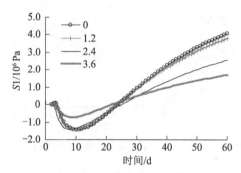

图 5.27　6 ℃环境下中平面横向中轴线节点的 $S1$ 历程曲线

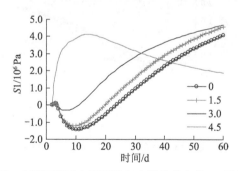

图 5.28　6 ℃环境下中平面纵向中轴线节点的 $S1$ 历程曲线

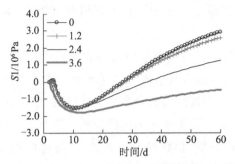

图 5.29　21 ℃环境下中平面横向中轴线节点的 *S*1 历程曲线

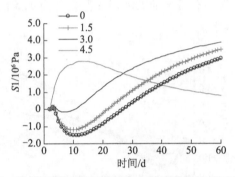

图 5.30　21 ℃环境下中平面纵向中轴线节点的 *S*1 历程曲线

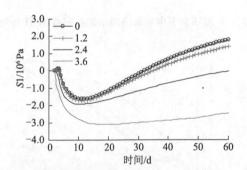

图 5.31　36 ℃环境下中平面横向中轴线节点的 *S*1 历程曲线

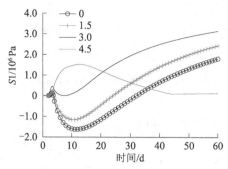

图 5.32　36 ℃环境下中平面纵向中轴线节点的 $S1$ 历程曲线

由图 5.27 至图 5.32 可知,水闸墙端部小范围区域内是一直受拉的,且抗拉应力先增大后减小;水闸墙端部小范围区域以外,大部分区域都是先受压,且抗压应力越来越大,一般第 10 天左右达到最大值,然后逐渐减小,后来又开始受拉,且抗拉应力逐渐增大,但增大的速率逐渐减小。

大体积混凝土结构的截面尺寸较大,混凝土浇筑以后,水泥水化产生大量的水化热,使混凝土温度升高,形成升温阶段。由于混凝土的导热性能较差,混凝土边缘区域散热条件相对较好,热量可向围岩或大气中散发,因此温度上升较慢,膨胀较小;而混凝土内部散热条件较差,热量散发少,因此温度上升较快,膨胀较大。内部膨胀大,外部膨胀小,在横向受到围岩外约束,在纵向受到混凝土体边缘区域的内约束,从而使混凝土内部大部分区域产生抗压应力,边缘区域产生抗拉应力,当混凝土的抗拉强度不足以抵抗该抗拉应力时,混凝土表面就会产生裂缝。由温度场模拟可知,无论环境温度如何,大体积混凝土均在第 9 天出现最高温度点,在第 10 天内外温差最大,即温度梯度最大,所以,一般在第 10 天左右,混凝土内部区域的抗压应力达到最大值,边缘区域的抗拉应力达到最大值。

随着水泥水化反应的减慢和混凝土的不断散热,大体积混凝土由升温阶段过渡到降温阶段,降温引起混凝土收缩。由于混凝土内部热量是通过表面向外散发的,降温阶段混凝土温度场的分布仍呈中心温度高、表面温度低的状态,因此,混凝土中心部分与表面部分的冷却程度不同,在混凝土内部产生较大的内约束,同时,围岩等边界条件也对收缩的混凝土产生较大的外约束。内、外约束作用使收缩的混凝土不能自由变形,产生抗拉应力。随着混凝土体不断降温,其收缩逐渐增大,产生的抗拉应力也逐渐增大,前期产生的抗拉应力用来抵消升温时产生的抗压应力,使混凝土体内部区域的抗压应力减小到0,后期产生的抗拉应力才使内部区域的抗拉应力逐渐增大。但随着降温速率的减小,收缩的速率也逐渐减小,所以抗拉应力增加的速率逐渐减小。

图5.33至图5.35给出了中平面内三个特殊点的$S1$历程曲线。

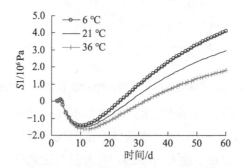

图5.33　中平面中心点的$S1$历程曲线

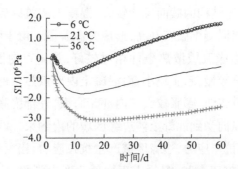

图5.34　中平面纵向边中点的$S1$历程曲线

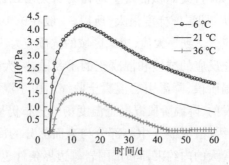

图5.35　中平面横向边中点的$S1$历程曲线

由图5.33至图5.35可知,对于同一个节点,环境温度越高,$S1$历程曲线越靠下。这说明,若该节点受压,则环境温度越高,其抗压应力越大,受压时间越长；若该节点受拉，则环境温度越高，其抗拉应力越小，受拉时间越短。通过对不同温度下第 60 天中心点 S1 的分析可知，环境温度从 36 ℃降到 21 ℃时，中心点抗拉应力将增加 60%左右；环境温度从 21 ℃降到 6 ℃时，中心点抗拉应力将增加 40%左右。混凝土是受压材料，其抗压强度很高，抗拉强度很低，所以环境温度越高，对大体积混凝土越有利。

对于水闸墙体非端部区域内的节点，在混凝土体升温阶段，其抗压应力越来越大。由温度场分析可知，环境温度越高，混凝土内部区域温升越大，体积膨胀也越大，受到围岩和端部混凝土的约束，因此抗压应力也越大。在降温阶段，混凝土要收缩，受到周围围岩的外约束，产生抗拉应力，其中一部分用来抵消抗压应力。由温度场分析可知，环境温度越高，混凝土温度降低越缓慢，其收缩越小，因而产生的抗拉应力也越小。而水闸墙端部小范围区域内是一直受拉的，且抗拉应力先增大后减小。环境温度越高，混凝土内部区域温升越大，体积膨胀也越大，由于端部没有围岩对其产生约束，只能依靠端部混凝土的这种内约束，因此端部混凝土的抗拉应力随体积的膨胀而增大。

5.3.3　湿度应力场模拟的理论基础

混凝土结构遇水后，其体内的应力和应变场将发生变化，这主要是由于体积膨胀变形受到外部约束和体内各部分之间相互约束的作用，不能自由发生。因此，在混凝土工程中，除了要研究荷载和变形等因素引起的混凝土中的应力和位移变化外，还要研究遇水作用引起的应力和位移变化。在一定的水源作用下，混凝土中各点的含水率将随时间和位置的变化而变化，称之为湿度场的变化，湿度场的变化引起的应力场就称为湿度应力场。

目前，有不少分析和计算膨胀岩遇水作用问题的理论和方法。例如，杰斯(Gysel)的一维膨胀理论，维特克(Wittke)的三维膨胀理论，还有陈宗基和孙钧等的流变本构方程型膨胀理论等。但是，这些理论都建立在特定的膨胀岩实验模型的基础上，因而都限于某种特定的场合。受温度应力场理论的启发，有文献提出了一种新的湿度应力场理论，这种理论不仅适用于膨胀岩，也适用于混凝土等其他材料。

湿度应力场理论和温度应力场理论一样，有三层含义：混凝土体遇水(热)作用，产生湿(温)度场变化；湿(温)度场变化引起混凝土体体积膨胀;体积膨胀导致应力和位移场发生变化。这三层含义是一个整体,三者之间是相互耦合的。

混凝土遇水膨胀是其主要的物理特征,这是湿度应力场可与温度应力场类比的基础。湿度应力-应变关系可近似成线弹性关系是湿度应力场理论得以简单表达的前提,也就不难延伸出更加复杂的理论描述。文献[81,82]给出的求解湿度应力场的平衡微分方程为

$$\frac{\partial \sigma_{ij}}{\partial x_j} + \rho F_i - \frac{\partial}{\partial x_j}\left(\frac{E\alpha W}{1-2\mu}\right) = 0 \qquad (5.2)$$

式中:σ_{ij} 为应力分量,$i,j=1,2,3$;x_j 为 j 方向上的坐标;ρ 为混凝土的质量密度;F_i 为 i 方向上的体积力;E 为弹性模量;α 为线膨胀系数;W 为单位质量的含水率;μ 为泊松比。

式(5.2)与温度应力场理论中的平衡微分方程有明显的相似性。式(5.2)再加上几何方程和协调方程及边界条件等就构成了湿度应力场的控制微分方程系统,由它可求得湿度场、应力场、应变场和位移场。当然这是极为复杂的微分方程系统,如果不简化,很难求得解析解,一般需要采用数值解。

根据湿度应力场理论与温度应力场理论控制微分方程系统存在的相似性,可以利用温度应力场理论的有限元软件来分析湿度应力场问题。事实上,其相似性来源于共同的线膨胀形式。

利用通用有限元软件 ANSYS 中的温度应力场分析模块可以模拟湿度应力场问题。在具体计算中,以 $W=0$ 表示绝对干燥或相对湿度为 0% 的状态,以 $W=1$ 表示饱和含水或相对湿度为 100% 的状态。

5.3.4 湿度应力场的模拟

在对湿度应力场进行模拟时,实际工程空气相对湿度为 90%,根据前面的说明,可认为空气和围岩的相对湿度相同且均为 90%。考虑到实际工程数量有限,本节将用有限元分析软件 ANSYS 对环境湿度(包括围岩和空气湿度)为 30%、60% 及 90% 的情况分别进行数值模拟,设混凝土刚浇筑完毕时相对湿度为 100%,分析外部环境湿度对混凝土应力的影响规律,以避免裂缝的产生。

需要提前说明的是,因为温度应力场已经考虑了重力场,所以湿度应力场不再包含重力场。

　　湿度应力场与温度应力场的模拟过程类似,均采用 ANSYS 温度场的分析模块分析。通过 ANSYS 间接法把湿分析的结果用于湿度应力计算,即将湿分析求得的节点湿度作为体载荷施加在结构应力分析中,从而计算出应力结果。主要步骤如下:将湿分析单元 Solid70 转化为对应的结构分析单元 Solid65;利用 APDL 宏程序设计语言定义混凝土材料性能参数变化的过程(由弹性模量变化引起),同时将混凝土与基岩的参考湿度分别设置为各自的初始湿度;定义边界条件,导入湿分析结果进行求解。

　　确定总计算时间为 60 天,前 4 天每 8 小时计算一次,子步长为 1/3 d;第 5 天到第 60 天每一天计算一次,子步长为 1 d,分析计算。

　　通过对三种湿度环境下水闸墙的数值模拟可知,大体积混凝土水闸墙内湿度场的分布规律比温度场简单。由于内部区域的湿度是由内向外逐步渗透的,因此,随着时间的推移,混凝土湿度逐渐减小,且混凝土体内部区域的湿度始终大于外部区域的。由湿度场可知,混凝土体内部湿度场等值线近似呈箱形分布;由湿度应力场可知,湿度应力场等值线也近似呈箱形分布。

　　为了和温度应力场进行对比,同时考虑到对大体积混凝土裂缝起控制作用的主要是 $S1$,因此本节对第 10 天过中心点的竖直线上 $S1$ 的变化曲线(图 5.36)和中平面内中轴线上 $S1$ 的变化曲线(图 5.37)进行分析。

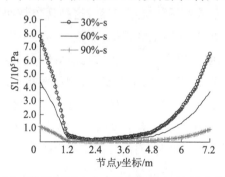

图 5.36　第 10 天过中心点的竖直线上 $S1$ 的变化曲线

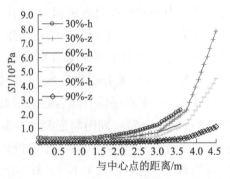

图 5.37　第 10 天中平面内的中轴线上 $S1$ 的变化曲线

图 5.36 和图 5.37 表明,在第 10 天,无论环境湿度如何,过中心点的三条相互垂直的直线上 $S1$ 都为正值,而且距中心点越远,$S1$ 的值越大。这说明,无论环境湿度如何,在第 10 天,水闸墙体内均受抗拉应力,中心区域抗拉应力较小,距中心点越远,抗拉应力越大。由湿度场的模拟结果可知,在第 10 天,混凝土体中心区域湿度降低的幅度小于边缘区域。混凝土湿度降低会发生收缩(即干缩),若不受任何约束,则中心区域的干缩值小于边缘区域的,实际上混凝土体存在内约束,外层混凝土的收缩受到内层混凝土的限制,因此整个混凝土体均产生抗拉应力。

由图 5.36 中第 10 天同一条直线上同一节点的 $S1$ 变化可知,环境湿度越低,其抗拉应力越大;距中心点越远,这种现象越明显。主要原因是:在相同的 10 天时间内,环境湿度越低,混凝土与环境的湿交换越剧烈,水闸墙内同一位置的湿度越小。混凝土刚浇筑好时湿度均为 100%,所以同一位置混凝土湿度降低得越多,干缩越大,因而其抗拉应力越大。混凝土内部湿度是通过表面向外散发的,外界环境湿度对混凝土内部湿度的影响存在"滞后效应",距中心点越远,即距环境界面越近,在同样 10 天时间内湿度降低得越多,干缩越大,因而其抗拉应力越大。

为了动态了解水闸墙内湿度应力的变化情况,同时也为了和温度应力进行对照,取有代表性的中平面进行分析。

图 5.38 至图 5.43 给出了不同湿度环境下中平面纵、横向中轴线节点的 $S1$ 历程曲线,数字的含义与温度应力分析时相同。

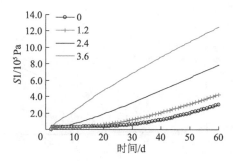

图 5.38　湿度为 30％的环境下中平面横向中轴线节点的 S1 历程曲线

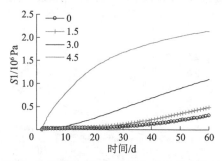

图 5.39　湿度为 30％的环境下中平面纵向中轴线节点的 S1 历程曲线

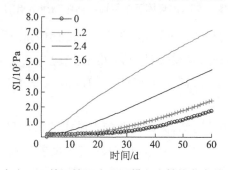

图 5.40　湿度为 60％的环境下中平面横向中轴线节点的 S1 历程曲线

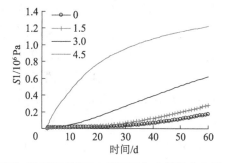

图 5.41　湿度为 60％的环境下中平面纵向中轴线节点的 S1 历程曲线

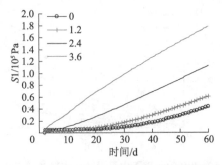

图 5.42　湿度为 90％的环境下中平面横向中轴线节点的 S1 历程曲线

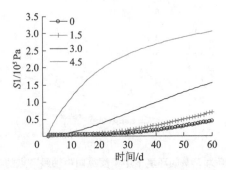

图 5.43　湿度为 90％的环境下中平面纵向中轴线节点的 S1 历程曲线

由图 5.38 至图 5.43 可知,无论环境湿度如何,在所模拟的 60 d 时间内,整个水闸墙体一直承受抗拉应力,且抗拉应力均从 0 开始逐渐增大。对于同一种湿度环境,同一条轴线上的节点距中心点越远,抗拉应力越大。

由湿度场的模拟可知,大体积混凝土结构的截面尺寸较大,混凝土浇筑后,其湿度一定高于周围环境的湿度,有湿度差就有湿交换,边缘区域先开始与周围环境进行湿交换。混凝土内部的湿度是通过表面向外散发的,外界环境湿度对混凝土内部湿度的影响存在“滞后效应”,所以无论环境湿度如何,内部区域的湿度均一直高于边缘区域,即边缘区域湿度降低的幅度一直大于内部区域的湿度降幅。因此,边缘区域的干缩大于内部区域的干缩,考虑到混凝土体存在内约束,外层混凝土的收缩均受到内层混凝土的限制,因此整个水闸墙体一直承受抗拉应力。由于距中心点越远,干缩越大,因此距中心点越远,抗拉应力越大。

图 5.44 至图 5.46 给出了中平面内三个特殊点的 S1 历程曲线。由图可知,对于同一个节点,环境湿度越大,S1 历程曲线越靠下,这说明,在同

一时刻,对于同一个节点,环境湿度越大,其拉应力越小。通过计算可知,环境湿度从 90% 降到 60% 时,混凝土内部拉应力增大至原来的 4 倍左右;环境湿度从 60% 降到 30% 时,混凝土内部拉应力将增加 75% 左右。因为混凝土是受压材料,其抗压强度很高,抗拉强度很低,所以环境湿度越大,对大体积混凝土越有利。

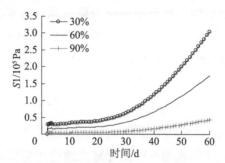

图 5.44　中平面中心点的 $S1$ 历程曲线

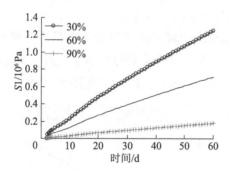

图 5.45　中平面纵向边中点的 $S1$ 历程曲线

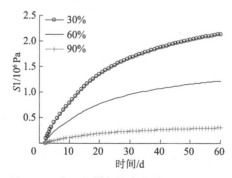

图 5.46　中平面横向边中点的 $S1$ 历程曲线

5.3.5　温度应力场与湿度应力场的叠加

前面分别对三种温度环境下的温度应力场进行了模拟,也分别对三种湿度环境下的湿度应力场进行了模拟,而实际的大体积混凝土是受温湿度环境共同影响的,所以需要叠加温度应力场与湿度应力场。但是,混凝土体内同一点的温度应力场与湿度应力场的 $S1$ 的方向不一定相同,所以只有分别叠加温度应力场与湿度应力场内同一时刻、同一节点的六个应力分量($\sigma_x,\sigma_y,\sigma_z,\tau_{yz},\tau_{zx},\tau_{xy}$),然后根据弹性力学中求主应力的公式,利用 MathCAD 软件解三次方程,才可求出第一主应力 $S1$。三次方程如下:

$$\sigma^3-(\sigma_x+\sigma_y+\sigma_z)\sigma^2+(\sigma_y\sigma_z+\sigma_z\sigma_x+\sigma_x\sigma_y-\tau_{yz}^2-\tau_{zx}^2-\tau_{xy}^2)\sigma-$$
$$(\sigma_x\sigma_y\sigma_z-\sigma_x\tau_{yz}^2-\sigma_y\tau_{zx}^2-\sigma_z\tau_{xy}^2+2\tau_{yz}\tau_{zx}\tau_{xy})=0$$

考虑到三种温度环境与三种湿度环境组合的方式比较多,在保证能够反映问题的前提下,选取最高和最低两种温度环境与最高和最低两种湿度环境进行组合,产生四种组合方式。

为了反映环境温湿度对大体积混凝土内部应力影响的规律,同样选取中平面内有代表性的三个节点进行分析。温度应力场与湿度应力场叠加后这三个点的 $S1$ 历程曲线如图 5.47 至图 5.49 所示。

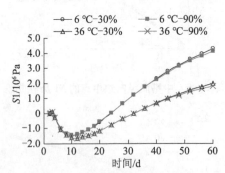

图 5.47　中心点的 $S1$ 历程曲线

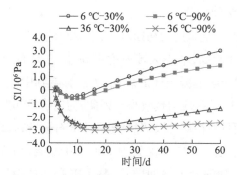

图 5.48　中平面纵向边中点的 S1 历程曲线

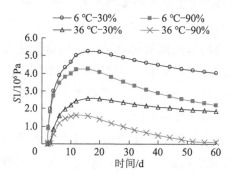

图 5.49　中平面横向边中点的 S1 历程曲线

　　由图 5.47 至图 5.49 可知,在所计算的 60 天时间内,环境湿度对中心点的应力几乎没什么影响,对横向边中点的应力的影响比较显著,对纵向边中点的应力的影响介于上述二者之间。主要原因是:混凝土内部湿度是通过表面向外散发的,外界环境湿度对混凝土内部湿度的影响存在"滞后效应",因此在计算的 60 天时间内,环境湿度对中心点的影响很小。由于围岩的导湿效果不好,混凝土对于围岩的湿传导小于混凝土与空气之间的湿交换,因此环境湿度对横向边中点应力的影响比对纵向边中点应力的影响显著。

　　从图中还可以看出,当温度相同时,湿度越大,抗压应力越大或抗拉应力越小;当湿度相同时,温度越高,压应力越大或拉应力越小。由于混凝土是受压材料,其抗压强度很高,抗拉强度很低,因此当混凝土浇筑温度一定时,高温高湿的环境有利于大体积混凝土降低应力,避免产生裂缝。

　　求得大体积混凝土内部的应力场之后,还有必要说明大体积混凝土内部应力与裂缝之间的关系。

在大体积混凝土浇筑后的初期阶段,水泥水化产生大量的水化热,整个混凝土体温度都比较高,中心区域温度更高,因升温而产生的温度应力较大;而环境湿度只影响混凝土体的表面,无法影响到中心区域,因湿度降低而产生的干缩较小,抗拉应力也较小。因此,初期阶段起控制作用的应力主要是温度应力,而且在初期阶段,混凝土还未充分硬化,强度较低,弹性模量较小,徐变影响较大,抗拉应力较小,所以只能引起混凝土的表面裂缝。

在后期阶段,随混凝土龄期增长,整个混凝土体温度逐渐降低,中心区域降低得最快,再加上混凝土体受到围岩的外约束,因此混凝土中心区域开始由受压转向受拉,且抗拉应力逐渐增大;同时,环境湿度对混凝土体湿度的影响也比较大,因湿度降低而产生的抗拉应力也较大。而且随着龄期的增长,混凝土的强度增大,弹性模量提高,徐变的影响减小,因温度降低和干缩产生的抗拉应力较大,当混凝土的抗拉强度不足以抵抗该抗拉应力时,就可能引起贯穿裂缝。

由此可见,大体积混凝土产生裂缝是其内部矛盾发展的结果。矛盾的一方是温湿度变化引起的应力和应变,另一方是混凝土本身的强度和抵抗变形的能力。混凝土内温湿度变化产生的变形受到混凝土内部或外部的约束后,将产生很大的应力,当这个应力值大于混凝土的强度时,混凝土就会出现裂缝。

5.4　工程现场实测

为了和数值模拟结果进行对比,本节对运输道水闸墙第二节内各振弦式应变计的测试结果进行分析。现场测试的目的是评价水闸墙整体结构的可靠性,验证计算结果并保证其施工、运营阶段的安全。

5.4.1　测试目的

徐州矿务集团三河尖煤矿水闸墙工程为高温高湿环境下的大体积、防渗混凝土工程,施工时周边环境气候十分恶劣,空气温度高达 40 ℃,空气湿度在 90%以上,虽采取了隔热、加大风量、洒水降温、局部制冷等一系列降温措施,但空气温度仍在 36 ℃以上。另外,大体积混凝土最主要的特点是以大区段为单位进行施工,施工体积大,由此带来的问题是水泥的水化热引起温度升高,而且该混凝土工程所用混凝土从搅拌、泵送到浇筑、振捣,均处在高温高湿的环境下,这不利于热量的散失,极易出现大体积混凝土内部温度很高而外界温度相对较低的情况,进而产生裂缝,降低混凝土强度。为了防止裂缝的发生,必须在混凝土内埋设温度和压力传感器,对混凝土浇筑块体的内外温差和降温速度进行同步监测,随时掌握施工过程中的温升数据,控制施工进度,保证工程质量。

5.4.2　测试仪器布置

水闸墙墙体施工过程中,把主体墙纵向分为三节,当水平浇筑到一定层面时,在每一节埋设一定数量的振弦式应变计,用以监测墙体内部混凝土的应变并同步测量埋设点的温度。由于数值模拟是针对运输道水闸墙的第二节进行的,这里仅对水闸墙第二节内各振弦式应变计的布置情况做简单介绍。

运输道水闸墙第二节内共埋设了七个振弦式应变计,分四层埋设,均埋设在该节中部的竖向截面内。为了更好地与数值模拟结果进行对比,现采用数值模拟时的坐标系列举每个振弦式应变计的具体位置,同时列举每个应变计位置对应的有限元模型节点编号,如表 5.2 所示。

表 5.2　应变计埋设位置及对应节点编号

应变计编号	埋设点坐标	对应的节点编号
E10219	(-3.0,0.6,4.5)	2805
E10167	(3.0,0.6,4.5)	2795
E10213	(0,1.8,4.5)	2558
E10196	(0,3.0,4.5)	2316
E10214	(-1.8,4.8,4.5)	1162
E10242	(0,4.8,4.5)	1165
E10238	(1.8,4.8,4.5)	1168

注:应变计 E10219 和 E10214 由于电缆损坏而没有读数。

5.4.3　测试结果分析

水闸墙采用了大掺量粉煤灰混凝土,在施工过程中辅以一定的温度控制措施。通过现场监测可知,水闸墙整个墙体的温度及内外温差都不是很高,由温湿度变化引起的应力也不是很大,因此大掺量粉煤灰混凝土对减少水化热、防止大体积混凝土出现裂缝有较好的效果。

为了验证数值模拟分析大体积混凝土由于温湿度变化而引起的应力的适用性,选取两个有代表性的应变计(编号 E10196 和编号 E10238)测试结果进行分析。由于应变计所测应变为 z 方向应变,故将其乘以混凝土不同龄期的弹性模量,即可得到 z 方向的应力。为了和数值模拟结果进行对比,将各应变计实测结果与数值模拟结果绘在同一张图上,分别如图 5.50 和图 5.51 所示。

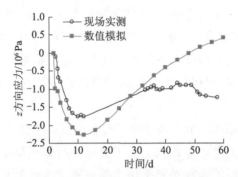

图 5.50 E10196 测点 z 方向应力变化曲线

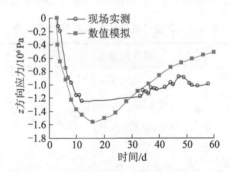

图 5.51 E10238 测点 z 方向应力变化曲线

从图中可以看出,ANSYS 可以较好地模拟出与实测应力较吻合的应力变化曲线,最大应力均出现在第 10 天左右。由于水闸墙工程在施工过程中,内部埋设了若干冷却水管,而数值模拟中并未考虑这些因素,因此实测最大抗压应力比数值模拟最大抗压应力低 0.5 MPa 左右。由于水闸墙实际工程在施工结束养护二十多天以后开始承受压力为 6.77 MPa、温度高达 48 ℃的水压,而数值模拟中也没有考虑这种因素,因此后来的实测应力又超过了数值模拟的应力。

另外,现场施工环境恶劣,各传感器并不一定埋设在预定位置,即测点位置与对应的数值模拟节点位置存在一定的出入;数值模拟采用的热力学参数与现场实际情况可能存在一定的差异;现场测试时也可能存在误差。这些因素都将导致仿真计算结果和现场测试结果之间有偏差,影响实测应力变化曲线与数值模拟结果的吻合度。

5.5 不同温湿度环境对裂缝影响的进一步数值模拟

大体积混凝土裂缝主要是由应力和约束作用引起的,且应力是主动因素,约束是被动因素,而大体积混凝土的应力主要由环境温湿度的变化引起。因此,研究不同温湿度环境对大体积粉煤灰混凝土应力变化的影响规律,可以在一定程度上预测不同温湿度环境对大体积粉煤灰混凝土裂缝的影响规律。

为了更好地研究不同温湿度环境对大体积粉煤灰应力的影响规律,本节抓住主要影响因素——环境温湿度的变化,并且不考虑重力、分层浇筑和边界约束的影响,对理想的球形大体积混凝土仅在环境温湿度的影响下产生的应力进行数值模拟。

5.5.1 有限元建模并施加荷载和边界条件

首先以半径 3.6 m 的球形大体积混凝土体为基础,建立有限元模型。由于混凝土体为球体,所以采用四面体单元进行自由网格划分,最终将几何模型划分成 833 个节点和 3 855 个单元,建立的有限元分析模型如图 5.52 所示。

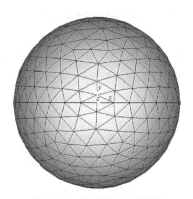

图 5.52 有限元分析模型

在进行瞬态热分析时,选取的热分析单元为三维 Solid70 单元,导热系数 λ、密度 ρ、比热容 c、混凝土与空气之间的对流换热系数 h 等材料性能参数与水闸墙工程数值模拟时相同。

进行结构的热应力分析时,选取的结构分析单元类型为三维 Solid65 单元,密度 ρ、弹性模量 E、泊松比 μ 和混凝土的热膨胀系数 α_c 等材料性能参数与水闸墙工程数值模拟时相同。

为了进一步研究环境温湿度对大体积粉煤灰混凝土温湿度应力的影响规律,模拟时不考虑分层浇筑对混凝土温湿度应力的影响。参考温度为混凝土的浇筑温度(与水闸墙工程数值模拟时相同,为 25.3 ℃)。

整个混凝土体的球面上均存在空气和混凝土的热对流,对流边界条件的选取与水闸墙工程数值模拟时相同,混凝土的生热率函数也与水闸墙工程数值模拟时相同。

确定总计算时间为 60 天,每一天计算一次,子步长为 1 d,其他选项按瞬态热分析进行选定,并分析计算。

5.5.2　温度场的模拟

本节用有限元分析软件 ANSYS 分别对环境温度为 6 ℃、21 ℃ 及 36 ℃ 的情况进行数值模拟,数值模拟时混凝土浇筑温度均取 25.3 ℃。

通过对三种温度环境下球形混凝土体的数值模拟可知,球心点和球面点是最特殊的点,只需对球心点和球面点进行分析就能反映整个混凝土体内温湿度场和温湿度应力场的分布规律。由于整个混凝土体呈中心对称,且不考虑重力的影响,因此同一时刻球面上任意一点的温湿度和温湿度应力都相等,分析时选择球心点和球面上任意一个节点即可。球心点节点编号为 734,坐标为 $(0,0,0)$;选取的球面点节点编号为 1,坐标为 $(0,0,-3.6)$。

为了得到外界环境温度对大体积混凝土最高温度点温度的影响规律,将不同温度环境下球心点温度及其温差变化曲线绘在同一张图上,如图 5.53 所示。

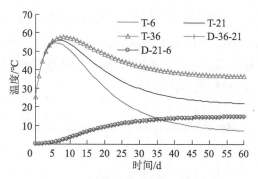

图 5.53　球心点温度及其温差变化曲线

由图 5.53 可知,对于不同的环境温度,前期中心点温度变化曲线均急剧上升,环境温度为 6 ℃、21 ℃ 及 36 ℃ 的混凝土体中心点分别在第 6、7、8 天达到最高温度,最高温度分别为 54.5 ℃、55.9 ℃ 和 57.9 ℃。当环境温度较高时,混凝土体最高温度出现的时间较晚。定性来看,环境温度越高,中心点最高温度也越高,不过中心点最高温度的差值远小于对应环境温度的差值;定量来看,环境温度每提高 15 ℃,球心点最高温度仅提高 2 ℃ 左右,提高的幅度仅为环境温度提高幅度的 13.3%,小于水闸墙工程的相应值,这主要与混凝土的体量和边界条件有关,同样可以用"弱化效应"理论进行解释。图 5.53 还表明,温度的值到达最高点后开始下降的规律与水闸墙工程相同,同样可以用环境温度对混凝土体内部温度影响的"滞后效应"理论进行解释。

图 5.54 是 36 ℃ 环境下第 8 天过球心剖面的温度云图,从图中可以看出,由于球形混凝土体呈中心对称,因此在距球心相同距离处,混凝土的温度都相等,温度场其他的分布规律与水闸墙工程相同。

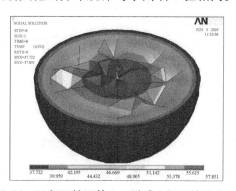

图 5.54　36 ℃ 环境下第 8 天过球心剖面的温度云图

图 5.55 至图 5.57 给出了 ANSYS 模拟的不同温度环境下球心点和球面点的温度变化曲线,除由于混凝土体量较小和边界条件不同而产生的球心点温度峰值提前出现外,其他规律与水闸墙工程的数值模拟结果图 5.21 至图 5.23 反映的规律相同。

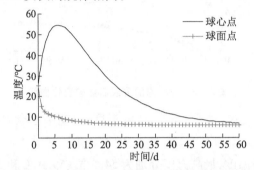

图 5.55 6 ℃环境下球心点和球面点的温度变化曲线

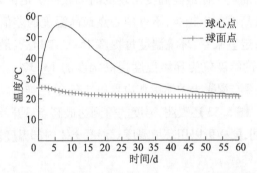

图 5.56 21 ℃环境下球心点和球面点的温度变化曲线

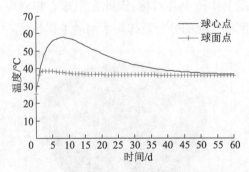

图 5.57 36 ℃环境下球心点和球面点的温度变化曲线

图 5.58 给出了不同温度环境下混凝土体内外最大温差的变化曲线。由图可知,在不同的温度环境下,最大温差均先急剧增大,然后逐渐减小,但

减小的速率逐渐变小,最大温差出现的时间一般比最高温度出现的时间晚一天。当环境温度为 6 ℃、21 ℃ 和 36 ℃ 时,内外最大温差分别为 44.7 ℃、32.2 ℃ 和 20.1 ℃,即环境温度越低,混凝土体内外最大温差越大,环境温度每升高 15 ℃,混凝土体内外最大温差可降低 12 ℃ 左右,与水闸墙工程数值模拟结果降低 10 ℃ 稍有差别,这主要是由混凝土体量和边界条件不同引起的,同样说明了大体积混凝土表面"保温法"的原理。

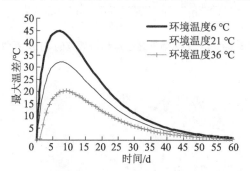

图 5.58　不同温度环境下混凝土体内外最大温差的变化曲线

5.5.3　温度应力场的模拟

同样采用热应力耦合的间接法求解,确定总计算时间为 60 天,每一天计算一次,子步长为 1 d,其他选项按热应力分析的要求进行选定,并分析计算。由于球形混凝土体呈中心对称,且不考虑分层浇筑,因此温度场和温度应力场都是中心对称的。

图 5.59 至图 5.61 给出了不同温度环境下球心点和球面点的 $S1$ 历程曲线。

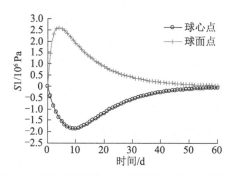

图 5.59　6 ℃环境下球心点和球面点的 $S1$ 历程曲线

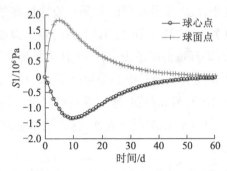

图 5.60　21 ℃环境下球心点和球面点的 S1 历程曲线

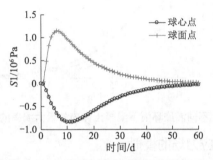

图 5.61　36 ℃环境下球心点和球面点的 S1 历程曲线

　　由图可知,球心点一直承受抗压应力,球面点一直承受抗拉应力,在球心点与球面点之间必然存在零应力点。因此,与球心距离大于某个数值的节点一直承受抗拉应力,且抗拉应力先增大后减小,抗拉应力峰值出现的时间超前于球心温度峰值出现的时间;与球心距离小于某个数值的节点一直承受抗压应力,且抗压应力先增大后减小,抗压应力峰值出现的时间滞后于球心温度峰值出现的时间。与水闸墙工程模拟结果不同的是,本模拟的结果是与球心距离小于某个数值的节点一直承受抗压应力,而水闸墙工程的模拟结果是内部混凝土先承受抗压应力,后承受抗拉应力,这主要是由于在混凝土体降温阶段,水闸墙工程受到边界条件的约束,在抵消完抗压应力后就会产生抗拉应力。

　　图 5.62 和图 5.63 给出了不同温度环境下球心点和球面点的 S1 变化曲线。

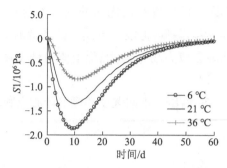

图 5.62　不同温度环境下球心点的 $S1$ 变化曲线

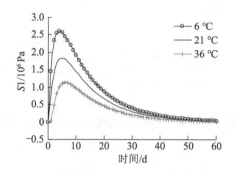

图 5.63　不同温度环境下球面点的 $S1$ 变化曲线

由图可知,对于同一个节点,环境温度越高,$S1$ 的值越接近 0。这说明,无论该节点是受压还是受拉,环境温度越高,其抗压应力或抗拉应力都越小。通过比较不同温度环境下球心点和球面点 $S1$ 的最大值可知,当环境温度从 36 ℃降到 21 ℃时,球心点抗压应力或球面点抗拉应力都将增大 60% 左右;当环境温度从 21 ℃降到 6 ℃时,球心点抗压应力或球面点抗拉应力都将增大 40% 左右。由于混凝土是受压材料,其抗压强度很高,抗拉强度很低,因此,环境温度越高,对大体积混凝土越有利。

5.5.4　湿度应力场的模拟

根据 5.3.3 节对湿度应力场模拟的理论基础,并考虑环境湿度的实际情况,本节对环境湿度为 30%、60% 及 90% 的情况分别进行数值模拟。设混凝土刚浇筑完毕时相对湿度为 100%,确定总计算时间为 60 天,每一天计算一次,子步长为 1 d。

通过对三种湿度环境下球形混凝土的数值模拟可知,由于球形混凝土体呈中心对称,且不考虑分层浇筑,因此湿度场和湿度应力场都是中心对称的。由于内部区域的湿度是由内向外逐步渗透的,因此随着时间的推移,混凝土的湿度逐渐降低,但混凝土体内部区域的湿度始终高于外部区域。由湿度场和湿度应力场可知,混凝土体内部湿度场和湿度应力场等值线的分布均呈球形。

图 5.64 至图 5.66 给出了不同湿度环境下球心点和球面点的 $S1$ 历程曲线。

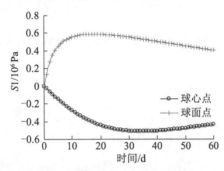

图 5.64　30%湿度环境下球心点和球面点的 $S1$ 历程曲线

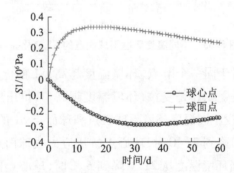

图 5.65　60%湿度环境下球心点和球面点的 $S1$ 历程曲线

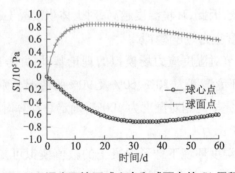

图 5.66　90%湿度环境下球心点和球面点的 $S1$ 历程曲线

由图可知,无论环境湿度如何,在模拟的 60 天时间内,球心点一直受压,且抗压应力先增大后减小;球面点一直受拉,且抗拉应力先增大后减小。距球心点越远,混凝土内部一定区域的抗压应力越小,边缘一定区域的抗拉应力越大。这与水闸墙工程数值模拟结果有一定的区别:混凝土发生干缩时,水闸墙工程受到边界条件的约束,因此都产生抗拉应力;该球形混凝土体发生干缩时,没有受到任何边界约束,外围区域的抗拉应力只有靠内部区域的抗压应力才能平衡掉,也就是说,由于混凝土产生自约束,才会出现混凝土内部一定区域一直受压的情况。

图 5.67 和图 5.68 给出了不同湿度环境下球心点和球面点的 $S1$ 历程曲线。

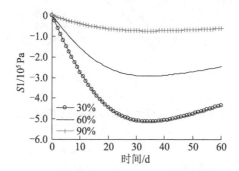

图 5.67　不同湿度环境下球心点的 $S1$ 历程曲线

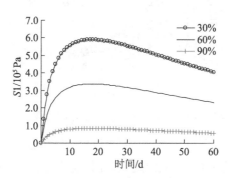

图 5.68　不同湿度环境下球面点的 $S1$ 历程曲线

由图可知,对于同一个节点,环境湿度越高,$S1$ 越接近 0。这说明,无论该节点是受压还是受拉,环境湿度越高,其抗压应力或抗拉应力都越小。通过计算可知,当环境湿度从 90% 降到 60% 时,混凝土内部应力将增加 3 倍左右;当环境湿度从 60% 降到 30% 时,混凝土内部应力将增加 75%

左右,这和水闸墙工程模拟的结果完全相同。由于混凝土是受压材料,其抗压强度很高,抗拉强度很低,因此,环境湿度越高,对大体积混凝土越有利。

5.5.5 温度应力场与湿度应力场的叠加

选取最高和最低两种温度环境与最高和最低两种湿度环境进行组合,共得到四种组合方式。温度应力场与湿度应力场叠加后球心点和球面点的 $S1$ 历程曲线如图 5.69 和图 5.70 所示。

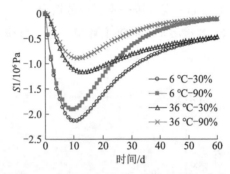

图 5.69　不同组合的球心点的 $S1$ 历程曲线

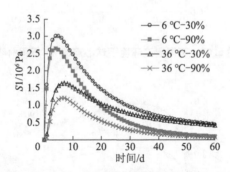

图 5.70　不同组合的球面点的 $S1$ 历程曲线

由图 5.69 和图 5.70 可知,温度相同时,湿度越大,$S1$ 的值越接近 0,抗压应力或抗拉应力都越小;湿度相同时,温度越高,$S1$ 的值越接近 0,抗压应力或抗拉应力都越小。由于混凝土是受压材料,其抗压强度很高,抗拉强度很低,因此,当混凝土浇筑温度一定时,高温高湿的环境有利于大体积混凝土降低应力、避免裂缝的产生。从图中也可以看出,环境温度对 $S1$ 变化曲线的峰值应力影响较大,对后期应力影响较小;环境湿度对中后期 $S1$ 变化曲线的应力都有影响,但影响都不是很大。该球体混凝土应力场模拟结果图与水闸墙工程应力场模拟结果图的区别是:球体混凝土中心点一直受压,表面点一直受拉;水闸墙工程混凝土中心点是先受压后受拉。原因主要是:水闸墙工程受到边界条件的外约束;球体混凝土未受到外约束,只能靠内约束来平衡内力。除这些区别外,图 5.69 和图 5.70 反映的别的应力场规律与水闸墙工程模拟结果相同。

5.6　本章小结

本章主要采用物理试验、数值模拟及现场实测三种方法,研究不同的温湿度环境对大体积混凝土温度场、温度应力、湿度应力及裂缝的影响规律,得到了许多有价值的结论,具体如下:

(1)通过比较物理试验结果与数值模拟结果可知,ANSYS 模拟得到的温度数据与实际温度变化规律基本吻合,这进一步验证了数值模拟分析温度场的适用性。因此,在大体积混凝土的设计中可以采用 ANSYS 软件对其温度场进行模拟,得到混凝土内部的最高温升及其温度分布的近似数值,并以此为依据选取大体积混凝土的温度控制方法。

(2)环境温度越高,混凝土体内部温度也越高,内外最大温差越小;对于相同尺寸的混凝土体和相同的浇筑温度,环境温度每升高 15 ℃,内外最大温差可降低 10 ℃左右。

(3)无论环境温度如何,大体积混凝土边缘区域始终受拉,且抗拉应力先增大后减小,环境温度越高,同一节点的抗拉应力越小。对于内部区域,若大体积混凝土受到边界外约束,则该区域混凝土前期受压,后期可能受压或受拉,环境温度越高,同一节点的抗压应力越大(抗拉应力越小),受压时间越长(受拉时间越短);若大体积混凝土不受任何边界外约束,则内部区域混凝土一直受压,环境温度越高,同一节点的抗压应力越小。总之,混凝土作为一种受压材料,环境温度越高,对其防止温度裂缝越有利。

(4)利用湿度应力场与温度应力场之间的相似性,采用 ANSYS 中的热分析模块模拟湿度应力场。通过模拟可知,对于同一种湿度环境,距中心点越远,混凝土抗压应力越小(抗拉应力越大),环境湿度对中心区域应力的影响小于对边缘区域的影响;对于同一个节点,环境湿度越高,其应力越小,对混凝土防止温度裂缝越有利。

(5) 如果大体积混凝土受到边界外约束,温度相同时湿度越大或湿度相同时温度越高,得到的抗压应力越大或抗拉应力越小;如果大体积混凝土不受任何边界外约束,温度相同时湿度越大或湿度相同时温度越高,得到的抗压应力和抗拉应力都越小。当混凝土浇筑温度一定时,高温高湿的环境有利于大体积混凝土降低应力、避免裂缝的产生。

(6) 水闸墙采用的是大掺量粉煤灰混凝土,在施工过程中辅以一定的温度控制措施,通过现场监测可知,水闸墙整个墙体的温度及内外温差都不是很高,由温湿度变化引起的应力也不是很大。通过对 ANSYS 计算结果的分析及其与实测结果的比较可知,ANSYS 模拟所得应力的分布情况、大小及变化趋势与实测结果较吻合,说明在充分反映材料参数、边界条件及结构工况的基础上,采用 ANSYS 进行有限元分析具有良好的仿真效果。

第6章　总结与展望

6.1　总结

本书以实际工程为背景,以裂缝控制为核心,首先介绍了大体积混凝土温度裂缝的产生机理,总结了防止出现温度裂缝的实际措施。其次分别从原材料的选择、混凝土配方的设计与优化、粉煤灰混凝土性能的判断,以及温度场、温度应力场及湿度应力场等方面进行了一系列试验研究、理论分析与数值模拟。最后,通过大体积粉煤灰混凝土水闸墙实际工程温度场的理论计算结果、温度场和应力场测试结果、对不同温湿度环境下的数值模拟结果的分析比较,以及对温湿度应力场的进一步数值模拟,总结了大体积混凝土温湿度场及其应力场变化的一般规律,以确保实际工程因环境温湿度变化引起的应力较小,验证了 ANSYS 可以很好地对施工过程进行仿真分析,初步取得了一些成果,并通过现场实测进行了验证,为施工现场的裂缝控制提供了依据。具体内容如下:

(1)原材料优质是生产优质混凝土的前提,因此首先从原材料的角度出发,对混凝土原材料进行试验研究,以确保原材料满足试验要求。

(2)水胶比是影响黏聚性、保水性和强度的主要因素,粉煤灰掺量是影响强度的重要因素。综合考虑混凝土的后期强度及混凝土拌合物的工作性能,认为 5 号试验为性能最优的大体积粉煤灰混凝土,并将其配方作为下一步物理试验与数值模拟的依据。

(3)应用粉煤灰配制混凝土,虽然其早期强度偏低,大掺量时表现得更加明显,但是粉煤灰的掺入一方面对混凝土后期强度的提高有大的促进作用,另一方面对降低大体积混凝土的水化热作用明显。

（4）在相同的养护环境下，粉煤灰混凝土的收缩明显小于基准混凝土的收缩；对于相同的混凝土配方，低温养护的收缩较慢，高温养护的收缩较快，但最终的收缩值比较接近；在相对湿度相同的情况下，低温养护的收缩试件在整个测试时间内都在收缩，前期收缩速率较大，后期收缩速率减小，高温养护的收缩试件只在前 60 d 龄期内有所收缩，60 d 龄期之后收缩值基本稳定。

（5）环境的温湿度对混凝土的性能有重要的影响，故在做材料试验时，一定要实时监测环境温湿度的变化。粉煤灰混凝土在特殊温湿度环境下的性能研究为研究材料在特殊环境下的性能积累了一定的经验。

（6）针对工程实际情况，通过对大体积混凝土的出机温度、浇筑温度、混凝土绝热温升、混凝土内部最高温度、混凝土表面温度及大体积混凝土内外最大温差的求解，修正并完善了经验公式，进一步从理论上了解了大体积混凝土温度场的产生机理及分布情况，通过对比计算结果与实际监测结果，说明了原经验公式的局限性，验证了修正经验公式的适用性。

（7）通过 ANSYS 软件建立有限元模型模拟水化放热和对流边界条件仿真了大体积粉煤灰混凝土水闸墙的实际浇筑温度场，分析总结了整个施工过程及施工结束一段时间内温度场的时间和空间分布规律。通过对比数值模拟结果与现场实测结果可知，ANSYS 可以很好地对施工过程进行仿真，其模拟结果与实际温度变化规律较吻合，说明了 ANSYS 分析温度场的适用性。

（8）采用数值模拟分析温度场的方法可为类似工程提供借鉴，在大体积混凝土设计或施工前，可以采用 ANSYS 软件对其温度场进行模拟，得到混凝土内部的最高温升及其温度分布的规律，确定温度峰值出现的时间，并以此为依据选取大体积混凝土的温度控制方法，以便更好地指导施工，防止出现施工裂缝。

（9）环境温度越高，混凝土体内部温度也越高，内外最大温差越小。对于相同尺寸的混凝土体在同样的浇筑温度下，环境温度每升高 15 ℃，内外最大温差可降低 10 ℃左右，这就是大体积混凝土表面"保温法"的原理。然后从理论上对此进行了解释："滞后效应"和"弱化效应"分别从时间和空间上反映了环境温度对混凝土体内部温度影响的规律。

（10）无论环境温度如何,大体积混凝土边缘区域始终受拉,且抗拉应力先增大后减小,环境温度越高,同一节点的抗拉应力越小。若大体积混凝土受到边界外约束,则内部区域混凝土前期受压,后期可能受压或受拉,环境温度越高,同一节点的抗压应力越大或抗拉应力越小,受压时间越长或受拉时间越短;若大体积混凝土不受任何边界外约束,则内部区域混凝土一直受压,环境温度越高,同一节点的抗压应力越小。混凝土为受压材料,环境温度越高,对其防止温度裂缝越有利。

（11）利用湿度应力场与温度应力场之间的相似性,采用 ANSYS 中的热分析模块模拟湿度应力场。通过模拟可知,对于同一种湿度环境,距中心点越远,节点抗压应力越小或抗拉应力越大,环境湿度对中心区域应力的影响小于对边缘区域的影响;对于同一个节点,环境湿度越高,其应力越小。混凝土为受压材料,环境湿度越大,对其防止出现裂缝越有利。

（12）如果大体积混凝土受到边界外约束,温度相同时湿度越大,或湿度相同时温度越高,得到的抗压应力越大或抗拉应力越小;如果大体积混凝土不受任何边界外约束,温度相同时湿度越大,或湿度相同时温度越高,得到的抗压应力和抗拉应力都越小。在混凝土浇筑温度一定时,高温高湿的环境有利于大体积混凝土降低应力,避免出现裂缝。同时给出了大体积混凝土内部应力与裂缝之间的关系,论述了表面裂缝与贯穿裂缝的产生机理。

（13）水闸墙采用大掺量粉煤灰混凝土,在施工过程中辅以一定的温度控制措施。通过现场监测可知,水闸墙整个墙体的温度及内外温差都不是很高,由温湿度变化引起的应力也不是很大。通过对 ANSYS 计算结果的分析及其与实测结果的比较可知,ANSYS 模拟所得应力的分布情况、大小及变化趋势与实测结果较吻合,说明在充分反映材料参数、边界条件及结构工况的基础上,采用 ANSYS 进行有限元分析具有良好的仿真效果。

6.2　展望

混凝土是各向异性非均质复合多元材料,由变形产生的约束应力是一种复杂的力学现象,控制混凝土裂缝是一道存在已久的难题,探索有效控制裂缝的措施和修复方法有非常重要的现实意义。

　　裂缝产生原因的多元性和产生规律的不定性使得裂缝形成的机理表现得非常复杂,发生部位随机多变,人们对混凝土变形及产生原因的了解和认识还不够深入。目前,尚无法提出比较切合实际的非结构裂缝的定性分析方法和计算方法,该领域的许多问题还有待人们去进一步认识、分析、了解和研究,这是摆在科研人员面前的复杂且艰巨的任务,需要他们在工程实践中不断加以丰富和完善。

　　在控制大体积混凝土裂缝的措施方面,理论研究远远滞后于工程实践,混凝土温度场及由温湿度变化引起的应力场的计算还不够精确,计算时用到的一些参数的选取也缺乏明确的规定,对开发新的混凝土品种的研究较少,对混凝土各力学性能间的相互影响关系如弹性模量、徐变与龄期的关系等,还需进一步研究和探讨。

　　相信随着理论研究的深入和试验技术的完善,这些问题最终将一步步得以解决。

参考文献

［1］王铁梦. 工程结构裂缝控制［M］. 北京：中国建筑工业出版社，1997.

［2］朱伯芳. 大体积混凝土温度应力与温度控制［M］. 北京：中国电力出版社，1999.

［3］李志清，张文伟，张健. 大体积混凝土底板施工裂缝的控制［J］. 沈阳建筑工程学院学报（自然科学版），2000，16(1)：14-16.

［4］王振波，宋修广，吴子平，等. 混凝土基础底板温度场及温度应力分析［J］. 南京建筑工程学院学报，1999(4)：34-39.

［5］刘宁，吕泰仁. 随机有限元及其工程应用［J］. 力学进展，1995，25(1)：114-126.

［6］刘宁，刘光廷. 混凝土结构的随机温度及随机徐变应力［J］. 力学进展，1998，28(1)：58-70.

［7］王铁梦，黄善衡. 大体积混凝土的瞬态温度场和温度收缩应力的计算机仿真［J］. 工业建筑，1990，20(1)：37-42.

［8］刘宁，柯庆清，阎旭. 重力坝的随机温度场初探［J］. 河海大学学报（自然科学版），2000，28(3)：7-13.

［9］崔广心. 相似理论与模型试验［M］. 徐州：中国矿业大学出版社，1990.

［10］张云理，卞葆芝. 混凝土外加剂产品及应用手册［M］. 2版. 北京：中国铁道出版社，1994.

［11］曹文达，曹栋. 新型混凝土及其应用［M］. 北京：金盾出版社，2001.

［12］杨晓春. 基于人工智能的大体积混凝土温度场建模与预测的研

究[D]. 上海：上海大学，2002.

[13] 王超. 基于神经网络的大体积混凝土温度预测与控制[D]. 合肥：合肥工业大学，2001.

[14] 谢先坤. 大体积混凝土结构三维温度场、应力场有限元仿真计算及裂缝成因机理分析[D]. 南京：河海大学，2001.

[15] 赵军. 大体积混凝土温度裂缝控制[D]. 上海：同济大学，2000.

[16] 马仲君. 大体积混凝土结构裂缝控制与防止措施[D]. 西安：西北工业大学，2001.

[17] 李小可. 大体积混凝土温度控制的有限元分析[D]. 贵阳：贵州大学，2001.

[18] 张亦平. 大体积混凝土结构裂缝控制技术在武钢—炼钢′平改转′工程的应用[D]. 武汉：武汉大学，2001.

[19] 赖轶咏. 大体积混凝土结构的破损分析与损伤检测[D]. 南京：东南大学，2001.

[20] 和雪峰. 大体积混凝土分层分块浇筑全过程有限元仿真分析[D]. 杭州：浙江大学，2001.

[21] 刘宏伟. 特厚表土中(钢板)高强流态混凝土井壁结构研究[D]. 徐州：中国矿业大学，2003.

[22] 李继业. 新型混凝土技术与施工工艺[M]. 北京：中国建材工业出版社，2002.

[23] 钱觉时. 粉煤灰特性与粉煤灰混凝土[M]. 北京：科学出版社，2002.

[24] 湖南大学，天津大学，同济大学，等. 建筑材料[M]. 4版. 北京：中国建筑工业出版社，1997.

[25] 沈旦申. 粉煤灰混凝土[M]. 北京：中国铁道出版社，1989.

[26] 项翥行. 建筑工程常用材料试验手册[M]. 北京：中国建筑工业出版社，1998.

[27] 杨伯科. 混凝土实用新技术手册：精编[M]. 长春：吉林科学技术出版社，1998.

[28] 吕梁，侯浩波. 粉煤灰性能与利用[M]. 北京：中国电力出版社，1998.

[29] 杨绍林,田加才,田丽. 新编混凝土配合比实用手册[M]. 北京:中国建筑工业出版社, 2002.

[30] 陈建奎. 混凝土外加剂的原理与应用[M]. 北京:中国计划出版社, 1997.

[31] 秦力川,杨峻峰. 建筑材料微观测试分析基础[M]. 重庆:重庆大学出版社, 1990.

[32] 卢瑞珍. 混凝土试验设计与质量管理[M]. 上海:上海交通大学出版社, 1986.

[33] 叶琳昌,沈义. 大体积混凝土施工[M]. 北京:中国建筑工业出版社, 1987.

[34] 陈久宇,林见. 观测数据的处理方法[M]. 上海:上海交通大学出版社, 1987.

[35] 邓进标,邹志晖,韩伯鲤. 水工混凝土建筑物裂缝分析及其处理[M]. 武汉:武汉水利电力大学出版社, 1998.

[36] 龚召熊. 水工混凝土的温控与防裂[M]. 北京:中国水利水电出版社, 1999.

[37] 刘海卿,闫瑞平,那红,等. 大体积混凝土温度场计算与测试分析[J]. 辽宁工程技术大学学报(自然科学版), 1999, 18(2): 133-136.

[38] 范本隽,沈培玉. 极坐标系边界权残法求解二维温度场问题[J]. 无锡轻工大学学报(食品与生物技术), 2000(6): 623-625.

[39] 金达应,唐明. 混凝土配合比设计计算手册[M]. 沈阳:辽宁科学技术出版社, 1994.

[40] 王铁梦. 建筑物的裂缝控制[M]. 上海:上海科学技术出版社, 1987.

[41] 张德思. 土木工程材料典型题解析及自测试题[M]. 西安:西北工业大学出版社, 2002.

[42] 廉慧珍,童良,陈恩义. 建筑材料物相研究基础[M]. 北京:清华大学出版社, 1996.

[43] Hermansson Å. Simulation model for calculating pavement temperatures including maximum temperature [J]. Transportation Research Record:

Journal of the Transportation Research Board, 2000, 1699(1): 134-141.

[44] Carslaw H S, Jaeger J C. Conduction of heat in solids[M]. New York: Oxford University Press, 1986.

[45] Lien H P, Wittmann F H. Coupled heat and mass transfer in concrete elements at elevated temperatures[J]. Nuclear Engineering and Design, 1995, 156(1/2): 109-119.

[46] Lam L, Wong Y L, Poon C S. Effect of fly ash and silica fume on compressive and fracture behaviors of concrete[J]. Cement and Concrete Research, 1998, 28(2): 271-283.

[47] Wasserman R, Bentur A. Effect of lightweight fly ash aggregate microstructure on the strength of concretes[J]. Cement and Concrete Research, 1997, 27(4): 525-537.

[48] Ganesh Babu K, Siva Nageswara Rao G. Efficiency of fly ash in concrete with age[J]. Cement and Concrete Research, 1996, 26(3): 465-474.

[49] Thomas M D A. Field studies of fly ash concrete structures containing reactive aggregates[J]. Magazine of Concrete Research, 1996, 48(177): 265-279.

[50] De Schutter G. Finite element simulation of thermal cracking in massive hardening concrete elements using degree of hydration based material laws[J]. Computers & Structures, 2002, 80(27-30):2035-2042.

[51] Atiş C D. Heat evolution of high-volume fly ash concrete[J]. Cement and Concrete Research, 2002, 32(5): 751-756.

[52] Saraswathy V, Muralidharan S, Thangavel K, et al. Influence of activated fly ash on corrosion-resistance and strength of concrete[J]. Cement and Concrete Composites, 2003, 25(7): 673-680.

[53] Liu B J, Xie Y J, Zhou S Q, et al. Influence of ultrafine fly ash composite on the fluidity and compressive strength of concrete[J]. Cement and Concrete Research, 2000, 30(9): 1489-1493.

[54] De Schutter G, Vuylsteke M. Minimisation of early age thermal cracking in a J-shaped non-reinforced massive concrete quay wall[J]. Engineering Structures, 2004, 26(6): 801-808.

[55] Wu Y, Luna R. Numerical implementation of temperature and creep in mass concrete[J]. Finite Elements in Analysis and Design, 2001, 37(2): 97-106.

[56] Yan P Y, Qin X. The effect of expansive agent and possibility of delayed ettringite formation in shrinkage-compensating massive concrete[J]. Cement and Concrete Research, 2001, 31(2): 335-337.

[57] 纪午生,陈伟,张应文,等. 常用建筑材料试验手册[M]. 北京:中国建筑工业出版社,1986.

[58] 袁勇. 混凝土结构早期裂缝控制[M]. 北京:科学出版社, 2004.

[59] 刘秉京. 混凝土技术[M]. 2版. 北京:人民交通出版社, 2004.

[60] 侯君伟. 现浇混凝土建筑结构施工手册[M]. 北京:机械工业出版社, 2003.

[61] 任重. ANSYS实用分析教程[M]. 北京:北京大学出版社, 2003.

[62] 祝效华, 余志祥. ANSYS高级工程有限元分析范例精选[M]. 北京: 电子工业出版社, 2004.

[63] 洪庆章,刘清吉,郭嘉源. ANSYS教学范例[M]. 北京:中国铁道出版社,2002.

[64] 缪协兴, 杨成永, 陈至达. 膨胀岩体中的湿度应力场理论[J]. 岩土力学, 1993, 14(4): 49-55.

[65] 缪协兴. 湿度应力场理论的耦合方程[J]. 力学与实践, 1995, 17(6): 22-24.

[66] 刘志勇. 采用正交试验法优化大体积粉煤灰混凝土配方[J]. 徐州工程学院学报, 2006,21(6): 61-65.

[67] 刘志勇. 高温高湿环境大体积粉煤灰混凝土选材及配合比设计[J]. 徐州工程学院学报, 2006,21(12): 73-76,115.

[68] 刘志勇, 张本业, 李勇. 高温高湿环境下水闸墙温度场的测试与仿真[J]. 四川建筑科学研究, 2011, 37(6): 75-80.

[69] 刘志勇. 环境温湿度对大体积混凝土影响的数值模拟分析[J]. 长江科学院院报,2011, 28(8): 35-40.

[70] 刘志勇. 煤矿巷道内水闸墙温湿度应力场模拟与分析[J]. 地下空间与工程学报,2012, 8(6): 1122-1130,1135.

[71] 刘志勇,李雁,李勇.粉煤灰混凝土与基准混凝土力学性能对比试验[J].徐州工程学院学报(自然科学版),2011,26(2):9-13.

[72] 刘志勇,李雁,李勇.煤矿巷道内水闸墙温度场计算与仿真[J].地下空间与工程学报,2011,7(4):681-684.

[73] 余珈,刘志勇.大体积混凝土温度场与环境温度相关性研究[J].中国西部科技,2010,9(12):43-45.

[74] 刘志勇.大体积混凝土水闸墙温度场有限元分析[J].徐州工程学院学报(自然科学版),2008,23(4):7-10,14.

[75] 刘志勇.高温高湿环境中喷射混凝土材料配方试验研究[J].中国西部科技,2008,7(5):1-3.

[76] 刘志勇.不同温湿度环境粉煤灰混凝土与基准混凝土收缩性能试验研究[J].土木工程学报,2009,42(5):69-73.

[77] 傅奕帆,王林峰,程平,等.箱式隧道现浇大体积混凝土温度应力场及裂缝控制研究[J].现代隧道技术,2021,58(6):173-181.

[78] Ouyang J S, Chen X M, Huangfu Z H, et al. Application of distributed temperature sensing for cracking control of mass concrete[J]. Construction and Building Materials, 2019, 197:778-791.

[79] 徐红.地铁大体积混凝土结构裂缝防控[J].混凝土,2020(8):147-150.

[80] 冯若愚,陈瑛,李志双.R波谱能量透射比法检测大体积混凝土裂缝研究[J].振动与冲击,2016,35(12):221-225.

[81] 贺罗,李雄飞,唐斌峰.桥梁施工中大体积混凝土裂缝成因及处理对策[J].公路,2019,64(9):98-101.

[82] 张海明,潘乐,荣华,等.某"华龙一号"核电站核岛基础大体积混凝土施工裂缝控制[J].工业建筑,2019,49(2):27-30.

[83] 焦运攀,杨朔,余以明.巴基斯坦某护岸大体积混凝土开裂风险评估及裂缝控制技术[J].混凝土,2019(2):150-155,159.

[84] 杜峰,常攀.锚碇大体积混凝土温控及裂缝防治[J].公路,2019,64(8):89-94.

[85] 何贝贝,侯维红,纪宪坤,等.水化热抑制剂对大体积混凝土温度裂缝的影响研究[J].新型建筑材料,2018,45(11):123-126,138.

［86］陶建强,李化建,黄佳木,等.铁路工程大体积混凝土的水化热及裂缝控制[J].铁道建筑,2018,58(1):146-149.

［87］Hu J, Ge Z, Wang K J. Influence of cement fineness and water-to-cement ratio on mortar early-age heat of hydration and set times[J]. Construction and Building Materials, 2014, 50: 657-663.

［88］马涛.建筑大体积混凝土施工的裂缝控制方法探究[J].山东工业技术, 2019(1): 106.

［89］黄泽钦,王培旭.大体积混凝土水化热温度应力裂缝控制的试验及有限元仿真分析[J].工程建设,2017,49(12):24-29.

［90］彭志伟,杨素燕.智能检测下对大体积混凝土裂缝动态控制[C]//中国土木工程学会.中国土木工程学会 2017 年学术年会论文集.北京:中国城市出版社, 2017: 684-691.

［91］刘鹏.桥梁承台大体积混凝土温度分析与裂缝控制[D].长沙:长沙理工大学,2017.

［92］刘敏义.大体积混凝土底板温度裂缝控制机理及有限元分析[D].合肥:安徽建筑大学,2017.

［93］王绍雄.综述大体积混凝土裂缝控制与施工技术的工程应用[J].江西建材,2016(4):90,93.

［94］张志明,王俊龙.高温环境下大体积混凝土收缩裂缝的控制措施[J].山西建筑,2015, 41(35): 121-122.

［95］高任清,武燕,王杰.水泥磨基础大体积混凝土裂缝控制技术[J].低温建筑技术,2014,36(12): 87-89.

［96］张洪波,顾锐.大体积混凝土裂缝施工控制[J].建筑施工,2014, 36(12):1382-1383,1389.

［97］刘利.大跨度拱桥拱座大体积混凝土防温度裂缝控制技术[J].铁道建筑技术,2013(12):21-26.

［98］东南大学,同济大学,天津大学.混凝土结构[M].6 版.北京:中国建筑工业出版社,2016.

［99］江昔平,刘洋,刘阳,等.埋设铝塑管的大体积混凝土裂缝控制机理与力学性能研究[J].建筑结构,2013,43(13):67-70,94.

［100］范轴.一次性浇筑大体积混凝土底板温控防裂技术研究[J].水利

技术监督,2022,30(8):206-211.

[101] 崔晓燕.大体积混凝土施工中降温措施应用研究[J].江西建材,2022,28(6):197-199.

[102] 聂军洲.大坝混凝土温控防裂措施优化研究[J].水利科技与经济,2022,28(6):109-112,121.

[103] 刘拼,张登科,徐智丹,等.大体积混凝土侧墙裂缝控制技术应用研究[J].新型建筑材料,2022,49(5):84-87,109.

[104] 乔永立.大体积混凝土温度裂缝的分析与控制措施[J].中国建材科技,2022,31(2):137-138,84.

[105] 潘泽军.浅析大体积混凝土施工裂缝原因及其控制技术[J].中国建筑金属结构,2022(1):96-97.

[106] 林永奇.大体积混凝土施工裂缝的成因及应对方法研究[J].四川建材,2021,47(11):127-128.

[107] 邱毓财.关于大体积混凝土防裂技术措施的探究[J].四川水泥,2021(10):3-4.

[108] 林子超.高温环境下大体积混凝土温度应力裂缝的施工控制方法[J].工程技术研究,2021,6(18):145-146.

[109] 汪洋,许俊杰,姜晓敏.大体积混凝土整体浇筑温度实测与控制研究[J].安徽建筑,2021,28(9):126-127.

[110] 胡忠存.大体积混凝土筏板基础温度应力分析及裂缝控制研究[D].青岛:青岛理工大学,2021.

[111] 姜峰.水利工程大体积混凝土温控防裂技术[J].黑龙江水利科技,2021,49(3):191-193.

[112] 刘腾.建筑工程大体积混凝土温度裂缝控制研究[J].工程技术研究,2021,6(4):159-160.

[113] 郦亮,蔡慧静,张军,等.混凝土裂缝灌浆修复后声学信号特征分析[J].施工技术,2021,50(3):62-65.

[114] 陈永刚,李成春,赵月.大体积混凝土温度裂缝控制与监测措施分析[J].工程建设与设计,2021(2):204-205.

[115] 郭林强.地下结构大体积钢筋混凝土底板早期开裂问题研究[D].哈尔滨:哈尔滨工业大学,2020.

[116] 王立成,吴迪,鲍玖文,等.早龄期混凝土温度场分布的细观数值仿真分析[J].水利学报,2017,48(9):1015-1022.

[117] 张楚汉,唐欣薇,周元德,等.混凝土细观力学研究进展综述[J].水力发电学报,2015,34(12):1-18.

[118] 江晨晖,沈万岳,姜丽彬.高性能混凝土早龄期拉伸特性试验研究[J].工业建筑,2010,40(7):71-74,126.

[119] 马宝玉.湿热力耦合作用下的混凝土力学性能研究[D].北京:北京交通大学,2017.

[120] 齐立宏,毕彦春,许慧,等.大体积混凝土配合比设计及工程应用[J].混凝土世界,2020(133):82-86.

[121] 董承秀.大体积混凝土充填墙体高温破坏机理研究[J].煤矿安全,2020,51(1):52-55,59.

[122] 王晓卿,张农,阚甲广,等.大尺度混凝土巷旁墙体开裂机理及控制对策[J].中国矿业大学学报,2017,46(2):237-243.

[123] 彭英,柯叶君,陈威文,等.超长混凝土结构温差收缩效应分析及工程实践[J].建筑结构,2010,40(10):86-90.

[124] 何贝贝.midas Civil 在某大体积混凝土工程养护中的运用[J].水电能源科学,2019,37(11):135-138.

[125] 刘兴法.混凝土结构的温度应力分析[M].北京:人民交通出版社,1991.

[126] 何顺爱,朱晓燕,周双喜.自然变温条件下大体积混凝土施工期温度演变规律及预测方法研究[J].混凝土,2019(9):92-96.

[127] 姜春萌,宫经伟,唐新军,等.大体积混凝土低热水泥与普通水泥基胶凝材料热学及力学性能对比研究[J].水电能源科学,2019,37(8):114-117.

[128] 杨杨,王亦聪,高凡,等.基于温度-应力试验的粉煤灰混凝土抗裂性能[J].硅酸盐学报,2019,47(8):1101-1108.

[129] 汪基伟,陈思远,冷飞.大体积混凝土结构构件最小配筋率[J].水利水电科技进展,2019,39(4):69-74.

[130] 韩宇栋.现代混凝土收缩调控研究[D].北京:清华大学,2014.

[131] 卫振海.岩土材料结构性问题研究[D].北京:北京交通大

学, 2012.

[132] 杨和礼. 原材料对基础大体积混凝土裂缝的影响与控制[D]. 武汉: 武汉大学, 2004.

[133] 王天骄. 大体积混凝土温度裂缝控制的研究: 以长春兴隆综合保税区双创总部基地为例[D]. 长春: 吉林大学, 2019.

[134] 金鑫鑫, 刘江侠, 张国新. 基于神经网络与遗传算法的大体积混凝土全过程智能通水模型[J]. 水电能源科学, 2019, 37(8): 107-109, 5.

[135] 陈果, 杨霞, 杨亮. 大体积混凝土温度应力有限元计算数值模拟分析[J]. 重庆建筑, 2019, 18(8): 27-30.

[136] 刘伟. 大体积混凝土的施工裂缝控制技术分析[J]. 四川建材, 2019, 45(6): 233, 235.

[137] 赵志方, 张广博, 施韬. 超高掺量粉煤灰大体积混凝土早龄期热膨胀系数[J]. 水力发电学报, 2019, 38(6): 41-48.

[138] 刘亚朋, 李盛, 王起才, 等. 大体积混凝土温度场仿真分析与温控监测[J]. 混凝土, 2019(2): 138-141.

[139] 李春峰, 何文勇, 罗勇, 等. 基于 BOTDA 光纤传感技术的大体积混凝土温度测试研究[J]. 中外公路, 2019, 39(1): 222-225.

[140] 司政, 辛兰芳, 牛芙蓉, 等. 大体积混凝土结构温度损伤研究[J]. 水电能源科学, 2018, 36(12): 109-112.

[141] 王振波, 徐道远, 朱杰江. 大体积混凝土结构温度荷载下的细观损伤分析[J]. 河海大学学报(自然科学版), 2000, 28(4): 19-22.

[142] 郭生根. 大体积混凝土温度变化及有限元数值模拟[J]. 水利规划与设计, 2018(12): 75-77.

[143] 靳晓亮, 蒋毅敏. 土木施工中大体积混凝土裂缝成因及其防治措施分析[J]. 建筑技术开发, 2018, 45(17): 96-97.

[144] 陈明, 卢文波. P 波对大体积混凝土裂缝的扩展作用研究[J]. 岩土力学, 2007, 28(1): 123-126, 132.

[145] 刘杏红, 周创兵, 常晓林, 等. 大体积混凝土温度裂缝扩展过程模拟[J]. 岩土力学, 2010, 31(8): 2666-2670, 2676.

[146] 刘杰. 大体积混凝土结构裂缝类型及防治[J]. 山西建筑, 2012,

38(31):111-112.

[147] 叶祥德,王利民.大体积混凝土结构裂缝成因及预防措施[J].建筑安全,2010,25(10):42-44.

[148] 徐吉凯,高翔,刘俊玲.大体积混凝土结构温度裂缝控制[J].交通科技与经济,2009,11(2):28-29.

[149] 祝昌暾,洪纪平,周志斌.厚大体积混凝土裂缝控制技术[J].施工技术,2006,35(S1):114-116.

[150] 张国卫,韩其亚.某工程大体积混凝土底板施工裂缝原因研究[J].盐城工学院学报(自然科学版),2006,19(4):61-64.

[151] 齐甦,江影霞.变截面大体积混凝土裂缝控制技术的应用[J].施工技术,2008,37(S1):23-25.

[152] 张建基,徐建邦,卢卓敏,等.大型地下室多变截面底板大体积混凝土裂缝控制的研究与应用[J].施工技术,2007,36(S2):4-6.

[153] 皮全杰,胡紫日,李杰,等.大体积混凝土裂缝控制技术在国家体育场的应用[J].混凝土,2007(8):93-94,100.

附录 工程实例

一、工程概况

徐州矿务集团三河尖煤矿 21102 工作面位于太原组西一、西二采区，是三河尖煤矿太原组的首采工作面。该工作面曾发生底板突水事故，突水点位于工作面老塘靠运输道附近，涌水量稳定在 1 020 m³/h，水温超过 50 ℃。为治理水害，保证矿井安全，经多次论证，施工组决定在 21102 工作面的材料道和运输道自外切眼往里的 75 m 和 20 m 处（墙的外壁）分别施工水闸墙，水闸墙内预埋引水管，实现堵、放结合的目的，水闸墙位于工作面两道内距离屯头系运输下山约 100 m 的半煤岩巷道内，如附图 1 所示。

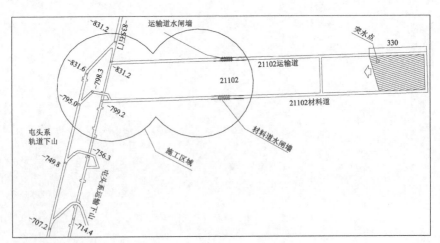

附图 1 水闸墙位置图（单位:m）

二、工程地质情况

21102 工作面位于西一、西二采区,为太原组 21 层煤首采工作面。工作面走向长 1 136 m,倾斜长 85 m,采深为-770.8~-831.2 m,煤层倾角 16°~20°,煤厚 1.3 m;煤层直接顶板为十二灰,厚度 5.2 m,老顶为泥岩,厚 1.1 m;直接底板为泥岩,厚 1.1 m,老底为细砂岩,厚 2.7 m;施工段地层柱状图如附图 2 所示。

岩石名称	柱状	厚度/m	岩性描述
十一灰		0.9	浅灰棕色,隐晶块状,常含泥质,局部含化石碎屑
泥岩		1.1	黑色,含生物化石碎屑
十二灰		5.2	灰黑色,致密块状,局部含硅质,中下部富含化石
21煤		1.3	黑色,半亮型,硬质块状,油脂沥青光泽,结构简单
泥岩		1.1	黑色,含黏土质及植物化石碎屑
细砂岩		2.7	深灰色,含黏土质,顶板含植物根部化石
十三灰		0.8	灰棕色,质不纯,常含泥质,富含生物化石碎屑
22煤		0.68	黑色,顶部含黏土质,有植物根部化石
泥岩		4.0	深灰色,局部因含硅质而较硬,含粉砂岩条带

附图 2　施工段地层柱状图

三、工程设计和施工说明

由于水闸墙施工区域巷道环境温度高、湿度大,地下水通过 21102 运输道导入-835 运输石门,故此工程不仅是一座钢筋混凝土挡水墙工程,还包含施工前(中)的环境保障工程。保障工程包括:改善人员生存条件和解决施工期间的高温、高湿问题的环境保障工程;解决地下水不上升的疏导稳水工程;恢复施工空间的井巷工程;等等。本工程中将水闸墙混凝土工程及其施工环境保障工程统称为水闸墙工程。

1. 水闸墙工程的划分

根据水闸墙工程中各工程的专业性和矿方生产组织的实际情况,将水闸墙工程划分为以下几个子工程。

(1) 环境保障工程,主要包括为改善施工环境和气候条件而实施的通风、防尘工程及水、电、压、风、通信工程。

(2) 运输道导水工程,主要是指在-835运输石门和21102工作面运输道架设导水筒的工程。

(3) 物料运输工程,主要包括水闸墙施工期间运输设备的安置,材料场和拌浆站的布置等。

(4) 井巷工程,主要是指水闸墙施工前实施的巷道修护和扩巷工程。

(5) 水闸墙体混凝土浇筑工程,主要是指水闸主体墙混凝土的浇筑工程。

(6) 注浆工程,主要是指水闸墙加固段壁后注浆、水闸墙前5 m帷幕防渗注浆和主体墙的注浆及升压工程。

2. 水闸墙工程的施工顺序

环境保障工程、物料运输工程、运输道导水工程和井巷工程均为水闸墙混凝土浇筑工程的服务工程,必须在水闸墙混凝土浇筑工程施工前全部完成,虽然它们之间存在平行作业,但可按如下施工顺序进行施工:环境保障工程→运输道导水工程→物料运输工程→井巷工程→水闸墙混凝土浇筑工程→注浆工程。

四、水闸墙混凝土工程概况

水闸墙混凝土工程分为21102运输道水闸墙混凝土工程和21102材料道水闸墙混凝土工程,均为大型防渗混凝土工程,混凝土设计强度为C25,按C28施工。运输道和材料道的水闸墙均长64 m,纵向分为里加固段、主体墙段和外加固段三部分,如附图3所示。

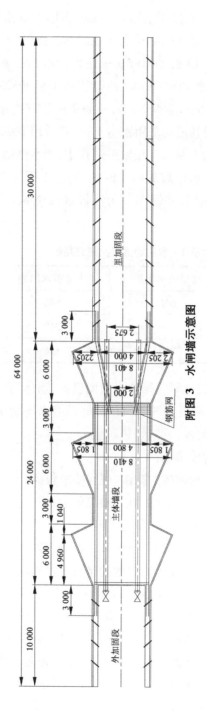

附图 3　水闸墙示意图

其中里加固段长 30 m,混凝土厚 400 mm,每隔 2 m 沿四壁布设 7 根注浆管;主体墙段为倒锥形,长 24 m,分为三段,仅在混凝土四周和前后布设钢筋网,运输道内布有 19 根 $\Phi57\times5$ mm 注浆管和 2 根 $\Phi325\times16$ mm 引水管,材料道内布有 13 根 $\Phi57\times5$ mm 注浆管和 1 根 $\Phi325\times16$ mm 引水管;外加固段长 10 m,混凝土厚 400 mm,每隔 2 m 沿四壁布设 7 根 $\Phi57\times5$ mm 注浆管。水闸墙段巷道均采用锚喷支护,并采用壁后注浆的方式加固围岩,壁后注浆终压为 9 MPa。在施工过程中,当水闸墙主体墙混凝土开始浇筑时,里加固段巷道已被封闭。因此,先施工里加固段,再施工外加固段,最后施工主体墙段,即纵向分为三段进行浇筑。主要浇注量见附表 1。

附表 1 水闸墙混凝土浇筑量表   单位:m³

项目	材料道水闸墙	运输道水闸墙	合计
墙体	646	646	1 292
加固段	240	240	480
合计	886	886	1 772

根据徐州矿务集团设计研究院的水闸墙设计,墙体均为倒锥形结构,其中运输道水闸墙设计承压为 8.32 MPa,材料道水闸墙承压为 8 MPa。这两道水闸墙具有如下特点:

(1)承压高,在国内较罕见;

(2)砌筑在煤巷内,对墙体的防渗、防漏要求较高;

(3)预计运输巷水温达 50 ℃,施工难度较大;

(4)工程量大,混凝土浇筑体积达 1 772 m³。

该混凝土工程为高温高湿环境下的大体积、防渗混凝土工程,施工地点气候、环境条件十分恶劣,预计其周围的空气温度将高达 40 ℃,空气相对湿度达到 90%,虽采取了隔热、加大风量、洒水降温、局部制冷等一系列降温措施,但预计空气温度仍在 36 ℃以上。另外,大体积混凝土最主要的特点是以大区段为单位进行施工,施工体积大,由此带来的问题是水泥的水化热引起温度升高,且该混凝土工程所用混凝土从搅拌、泵送到浇筑、振捣,均处在高温高湿的环境下,这不利于热量的散失,极易导致大体积混凝土内部温度很高而外部温度相对较低,从而产生裂缝,降低其强度。为了防止裂缝产生,施工时必须采取积极、有效的措施。例如,使用水化热小的水泥和粉煤灰,同时选择单位水泥量少的配合比,控制一次灌筑高度和浇注速率,以及通过人工冷却控制温度等。

五、大体积粉煤灰混凝土对原材料的基本要求

1. 设计要求

混凝土强度等级 C25(按 C28 施工),坍落度为 180±20 mm,缓凝时间 6 h 以上。

2. 水泥

大体积混凝土工程宜采用低热水泥,低热水泥是一种水化热较低的硅酸盐水泥。水泥的水化热是其矿物成分与细度的函数,要降低水泥的水化热,必须先选择适宜的矿物组成,再采用掺加混合材料、调整粉磨细度等工艺措施。

水泥细度虽然对水化放热量的影响不大,但能显著影响其放热速率。但也不能片面地放宽水泥的粉磨细度,否则如果水泥强度下降过多,就不得不提高单位体积混凝土中的水泥用量,此时水泥的水化放热速率虽然较小,但混凝土的放热量反而会增加。因此,低热水泥的细度一般与普通水泥的相差不大,只在确有需要时才做适当调整。

普通硅酸盐水泥和矿渣硅酸盐水泥的主要性能特点如附表 2 所示。

附表 2　普通硅酸盐水泥和矿渣硅酸盐水泥的主要性能特点

水泥	主要性能特点
普通硅酸盐水泥	① 早期强度高; ② 水化热略高; ③ 抗冻性好; ④ 抗侵蚀、抗腐蚀能力稍差; ⑤ 干缩较小
矿渣硅酸盐水泥	① 早期强度低,后期强度高,对温度敏感,适宜高温养护; ② 水化热较低,放热速度慢; ③ 具有较好的耐热性能; ④ 具有较强的抗侵蚀、抗腐蚀能力; ⑤ 泌水性大,干缩率较大,抗冻性差

经过比较,以及考虑现场施工材料的来源,确定项目施工时采用普通

硅酸盐水泥,但必须掺粉煤灰。粉煤灰混凝土干缩小,抗裂性强。

为降低大体积混凝土的水化热并使其符合泵送混凝土的要求,充分利用混凝土的后期强度,水泥采用 32.5 级普通硅酸盐水泥,同时在混凝土中掺入适量粉煤灰和缓凝剂,并将水灰比控制在 0.40 左右,从而减少水泥用量,改善混凝土的和易性,使泵送混凝土性能得到保证,同时降低单位体积混凝土的水泥水化热量,确保混凝土块体温差不至于过大。

3. 粉煤灰

由于粉煤灰具有活性,可代替水泥,能改善混凝土的黏塑性,提高混凝土的可泵性,改善并提高混凝土的后期强度。因此,以粉煤灰取代部分水泥或骨料,一般都能在保持混凝土原有和易性的前提下减少用水量。粉煤灰越细,球形颗粒含量越高,其减水效果越好。如果掺粉煤灰而不减少用水量,就可以改善混凝土的和易性并降低混凝土的泌水率,防止离析,因此粉煤灰掺合料更适合泵送混凝土。由于以粉煤灰取代部分水泥或细骨料能减少混凝土的用水量,相应地降低水灰比,因此能提高混凝土的密实性及抗渗性,并改善混凝土的抗化学侵蚀性。粉煤灰还能使混凝土的干缩减少 5% 左右,使混凝土的弹性模量提高 5%~10%。粉煤灰掺合料还能减少混凝土水化产热,防止大体积混凝土开裂。

粉煤灰的粒度组成是影响粉煤灰质量的主要指标。其中,各种粒度的相对比例因原煤种类、煤粉细度及燃烧条件不同,存在很大的差异。由于球形颗粒在水泥浆体中可起润滑作用,因此在粉煤灰中,如果圆滑的球形颗粒占多数,粉煤灰就具有需水量小、活性高的特点。反之,如果平均粒径大,组合粒子又多,那么其需水量必然增加,活性也就较差。一般认为,粉煤灰越细,球形颗粒越多,组合粒子越少,水化反应的界面面积就越大,越容易激发粉煤灰的活性,从而提高混凝土的强度。有人认为,粒径范围在 5~30 μm 的颗粒的活性较好。我国《用于水泥和混凝土中的粉煤灰》(GB/T 1596—2017)规定,I 级粉煤灰的细度以 45 μm 方孔筛筛余不超过 12% 为标准。另外,对粉煤灰进行粉磨可将粗大多孔的组合粒子打碎,较细的球形颗粒因很难磨碎得以保持原来的形状,故粉磨粉煤灰能有效地改善粉煤灰的性能。

粉煤灰的烧失量也是影响粉煤灰质量的重要指标,烧失量过大对粉煤灰的质量是有害的。未燃炭粒粗大、多孔,若将含炭量大的粉煤灰掺入混凝土后,则往往会增加需水量,大大降低混凝土的强度。未燃尽的炭遇水后,还会在表面形成一层憎水薄膜,阻碍水分向粉煤灰颗粒内部渗透,从而影响 $Ca(OH)_2$ 与活性氧化物反应,降低粉煤灰的活性。此外,未燃炭还会在空气中不断氧化挥发并吸收水分,使体积膨胀。因此,未燃炭也是导致混凝土体积变化及混凝土的大气稳定性降低的有害因素。我国规定,粉煤灰烧失量不应大于 8%。

综合考虑以上因素,本工程要求采用 Ⅱ 级以上粉煤灰。

4. 粗细骨料

配制大体积混凝土拌合物时,必须寻找一切可能的方法减少水的用量,从而相应地减少水泥用量(即保持水灰比恒定不变)。试验表明,选用较大尺寸的粗骨料,配以两种或更多种较细骨料,可以组成合理级配,加以捣实后,配制成的混凝土的密实度接近最大值(最小空隙率),这样在给定的水灰比和稠度下,水和水泥用量都有所下降。因此,施工时要选择合理的砂、石级配。

砂选用中粗石英河砂,石子选用碎石,组成粒径为 5~31.5 mm 的连续级配的优质粗骨料,要求符合筛分比标准以减少用水量和水泥用量,且要严格控制砂、石含泥量。国内外许多工程的经验表明,如果砂、石含泥量超过规定,不仅会增加混凝土的收缩,还会降低混凝土的抗拉强度,对混凝土抗裂十分不利。因此,该大体积混凝土工程要求将石子含泥量控制在 1% 以下,砂含泥量控制在 2% 以下。

5. 缓凝剂

大体积混凝土施工时,掺入缓凝剂可以防止施工裂缝的生成,并能延长可振捣的时间。在大体积混凝土中,水化放热不易消散,容易造成较大的内外温差,引起混凝土开裂。掺入缓凝剂可使水泥水化放热速率减慢,有利于热量消散,使混凝土内部温升降低,这对避免产生温度裂缝是有利的。此外,还要考虑缓凝剂的掺量对混凝土初凝时间的影响。在温度、配合比不变的情况下,缓凝剂存在一个最优掺量。针对木质素磺酸钙的特点,根据现场高温高湿的实际情况,建议在混凝土中掺入 0.25%~0.30%(按水泥质量计)的木质素磺酸钙。

6. 减水剂

在大体积混凝土中,掺加一定量的引气减水剂,可降低水泥用量

10%～15%,并可引入 3%～6% 的空气,从而改善混凝土的和易性,提高混凝土的抗渗性。本工程建议采用 JM-100 减水剂,适宜掺量为 1.5%～3.0%。

7. 水

拌合用水可以采用自来水,水质应符合《混凝土用水标准》(JGJ 63—2006)的规定。

六、大体积粉煤灰混凝土配合比试验和原材料试验结果

1. 大体积混凝土配合比的设计原则

(1) 在保证工程设计所规定的强度、耐久性和满足施工工艺要求特性的前提下,大体积混凝土配合比的选择应符合合理使用材料、减少水泥用量和降低混凝土绝热温升的原则。

(2) 混凝土配合比应通过计算和试配确定,对泵送混凝土还应进行试泵送。

(3) 在混凝土中掺用的外加剂及混合料的品种和掺量应通过试验确定,外加剂质量和应用应符合《混凝土外加剂》(GB 8076—2008)和《混凝土外加剂应用技术规范》(GB 50119—2013)的规定。粉煤灰的质量和应用应符合《用于水泥和混凝土中的粉煤灰》(GB/T 1596—2017)的规定。

2. 实验室第一次配合比试验结果

原材料的选用如下:

(1) 温度:实验室施工环境温度 6 ℃,养护温度 18～34 ℃。

(2) 砂:中等偏粗石英河砂。

(3) 石子:将矿方提供的小碎石重新配成级配石子。

(4) 水泥:山东枣庄 32.5 级普通硅酸盐水泥。

(5) 粉煤灰:沛县电厂粉煤灰。

(6) 缓凝剂:木质素磺酸钙。

(7) 减水剂:JM-100 减水剂。

(8) 水:烧开的热水。

实验室第一次配合比试验结果见附表3。

附表 3　实验室第一次配合比试验结果

日期	编号	水泥(32.5级普通硅酸盐水泥)	黄砂	碎石	水	粉煤灰	缓凝剂	减水剂	W/C	砂率 S_p	坍落度/mm	初凝/h	设计强度(7 d)/MPa	设计强度(28 d)/MPa
1月27日下午	1	1	1.58	2.82(小碎石)	0.45				0.45	0.36	10	5~7	15.6	28.4
1月28日上午	2a	1	1.58	2.82(小碎石)	0.45				0.45	0.36	10		11.7	
	2b	1.1	1.58	2.82(小碎石)	0.5				0.45	0.36	10	6~8	16.9	
	2c	1	1.58	2.82(碎石)	0.45				0.5	0.36	150		16.9	
1月28日下午	3a	1	1.58	2.82(碎石)	0.5				0.5	0.36	125	6~8	20.6	27.0
	3b	1	1.58	2.82(碎石)	0.4		0.25%	1.5%	0.4	0.36	170	18~22	22.4	23.4
	3c	0.8	1.58	2.82(碎石)	0.4	0.2(20%)	0.25%	1.5%	0.4	0.36	120	22~26	26.5	37.6

3. 第一批原材料试验结果

此次试验原材料主要由三河尖煤矿提供。

（1）砂的筛分析试验。砂的筛分析试验结果见附表4。

附表4　砂的筛分析试验结果

级配情况	筛余（按质量计）/%	筛孔尺寸（圆孔筛）/mm						
		10.00	5.00	2.50	1.25	0.63	0.315	0.16
连续级配	分计筛余	0.97	4.5	11.5	35.4	29.1	14.3	4.8
	累计筛余	0.97	4.5	16.0	51.4	80.5	94.8	99.6

结论：砂为级配Ⅰ区，粗砂，细度模数 $M_x = 3.35$

（2）人工砂（小碎石）筛分析试验。人工砂（小碎石）筛分析试验结果见附表5。

附表5　人工砂（小碎石）筛分析试验结果

级配情况	筛余（按质量计）/%	筛孔尺寸（圆孔筛）/mm						
		10.00	5.00	2.50	1.25	0.63	0.315	0.16
连续级配	分计筛余		36.8	49.0	12.4	0.6	0.2	0.7
	累计筛余		36.8	85.8	98.2	98.8	99.0	99.7

结论：砂为级配Ⅰ区，粗砂，细度模数 $M_x = 3.35$

由于甲方提供的石子不能满足要求，因此乙方试配了粗骨料，筛分析试验结果见附表6。

附表6　配制粗骨料筛分析试验结果

级配情况	公称粒级/mm	累计筛余（按质量计）/%							
		筛孔尺寸（圆孔筛）/mm							
		2.5	5	10	16	20	25	31.5	40
连续级配	5~31.5	99.7	90.3	69.8	68.3	62.7	40.5	13.3	0

结论：根据国家标准，碎石基本符合连续级配的要求，但20 mm粒径以上的石子的比重偏大。

4. 巷道现场第一次配合比试验结果

原材料的选用如下：

（1）温湿度：现场施工环境温度 32.8 ℃,相对湿度 93%。

（2）砂：中等偏粗石英河砂。

（3）水泥：山东枣庄 32.5 级普通硅酸盐水泥。

（4）粉煤灰：沛县电厂生产的粉煤灰。

（5）缓凝剂：木质素磺酸钙。

（6）减水剂：JM-100 减水剂。

（7）水：防尘水,水温在 17 ℃左右。

巷道现场第一次配合比试验结果见附表 7。

5. 第二批原材料的检测结果

优质的原材料是生产优质混凝土的前提条件。从材料的角度出发研究与优选混凝土原材料,可使混凝土的质量满足特殊环境下大体积混凝土的要求。

研究从调研入手,调研包括两方面的内容:一方面查阅和归纳国内外关于大体积混凝土的资料,特别是大体积混凝土在特殊环境下的研究方法和研究成果;另一方面调查三河尖煤矿 21102 工作面两道水闸墙大体积混凝土的设计及施工方案,包括水泥、外加剂、粗细骨料的产地和性能、混凝土的配比设计及施工情况,以及三河尖煤矿 21102 工作面两道水闸墙所处的气候与环境条件等。在第一批原材料检测的基础上,对第二批原材料进行了一系列检测与混凝土配合比试验,分述如下。

（1）水泥。

普通硅酸盐水泥的化学成分分析结果见附表 8。

附表 7 巷道现场第一次配合比试验结果

日期	编号	水泥	黄砂	碎石	水	粉煤灰	缓凝剂	JM-100 减水剂	W/C	砂率 S_p	坍落度/ mm	初凝/ h	设计强度 (76 h)/ MPa	设计强度 (172 h)/ MPa	设计强度 (28 d)/ MPa
3月15日	15-i	0.8	1.58	2.82	0.49	0.2	0	2%	0.5	0.36	50~70		12.2	17.0	15.2
3月16日	16-i	0.85	1.58	2.82	0.49	0.15	0	2%	0.5	0.36	150		12.9	18.1	22.4
3月22日	22-i	0.8	1.58	2.82	0.39	0.2	0.25%	2%	0.4	0.36	160~180	6~8	9.44	11.8	

附表 8 普通硅酸盐水泥的化学成分分析结果

化学成分	SiO_2	Al_2O_3	Fe_2O_3	CaO	MgO	TiO_2	SO_3	C_3A	碱含量	烧失量
32.5级普通硅酸盐水泥	27.65	8.98	4.12	49.86	3.46		2.32	16.81		3.28

普通硅酸盐水泥的性能指标见附表9。

附表 9 普通硅酸盐水泥的性能指标

标号	细度/%	标准稠度用水量/%	凝结时间/min		安定性	抗压强度/MPa		抗折强度/MPa	
			初凝	终凝		94 h	28 d	94 h	28 d
32.5级普通硅酸盐水泥	4.8	28.5	170	510	合格	24.6	40.6	4.35	7.38

（2）骨料。

混凝土是由骨料和胶凝材料组成的复合材料,它的强度取决于三个方面:胶凝材料的强度,胶凝材料与骨料界面的强度和骨料界面的强度。上述三个方面中最薄弱的环节就是最终强度的控制因素。对于中、低强度的混凝土,由于骨料界面留下泌水腔或过多的 $Ca(OH)_2$ 晶体在界面定向排列,故最薄弱的环节通常是骨料界面的强度。同时,相关研究成果也表明:混凝土的初始微裂缝最先发生在界面处,这一裂缝将成为外界腐蚀介质渗入的渠道。所以选用性能好的骨料对于提高混凝土的密实性和改善胶凝材料与骨料界面的黏接性能尤为重要。

① 粗骨料——碎石。

根据三河尖煤矿 21102 工作面两道水闸墙大体积混凝土的设计要求,该水闸墙开始购置的粗骨料为连续级配 5~16 mm,含泥量 0.3%,针片状颗粒含量 10.0%,堆积密度 1 485.5 kg/m^3。

A. 碎石的筛分析。碎石颗粒级配分析结果见附表10。

附表 10　碎石颗粒级配分析结果

级配情况	公称粒级/mm	累计筛余(按质量计)/%			
		筛孔尺寸(方孔筛)/mm			
		16.00	9.50	4.75	2.36
连续级配	5~16	0.39	55.80	96.90	99.60

B. 碎石的技术性能。碎石的检测结果见附表 11。由于碎石比较细,混凝土初期强度偏低,后来又购置了粒径较大的石子,按一定比例进行掺和可达到连续级配。

附表 11　碎石的检测结果

检测编号	颗粒级配	堆积密度/(kg·m^{-3})	含泥量/%	含水率/%	空隙率/%	针片状颗粒含量/%	碱集料反应	氯化物含量/%
Shj-1	5~16 mm 连续级配	1 485.5	0.3	0.3	45.0	10.0	—	

② 细骨料——砂。

A. 砂的筛分析。砂的颗粒级配结果见附表 12,砂的筛分析曲线如附图 4 所示。三河尖煤矿 21102 工作面两道水闸墙大体积混凝土所用砂为中砂,中偏粗,M_x 为 3.06,堆积密度为 1 294 kg/m^3,级配合格,有害物质含量均在规定值以下。

附表 12　砂的颗粒级配结果

级配情况	公称粒级/mm	累计筛余(按质量计)/%					
		筛孔尺寸(方孔筛)/mm					
		4.75	2.36	1.18	0.60	0.30	0.15
连续级配	级配Ⅱ区	4.0	14.6	35.8	70.0	94.9	98.9

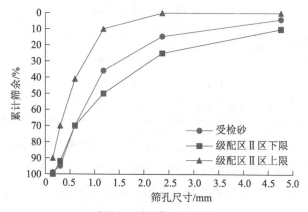

附图4　砂的筛分析曲线

B. 砂的技术性能。砂的检测结果见附表13。该砂的堆积密度为1 294 kg/m³,而砂的堆积密度指标为大于1 400 kg/m³,不合格;该试样砂的含泥量为6.8%,而砂的含泥量小于5.0%为合格,故该砂含泥量超标。此外,实验中发现该砂的泥块含量也比较高,因此,拌制砼前一定要将砂子过筛。

附表13　砂的检测结果

检测编号	颗粒级配	细度模数M_x	堆积密度/(kg·m⁻³)	含泥量/%	含水率/%	空隙率/%	有害物质含量/%		
							硫化物或硫酸盐	氯化物	有机物
Shj-2	级配Ⅱ区	3.06	1 294	6.8	7.5	48.6			

矿方得知原来购进的砂泥含量比较大后,重新购置并清洗了砂,对新砂取了三份样品进行泥含量检测,测得泥含量分别为2.0%、4.5%、1.9%,均满足要求。

6. 第二次现场材料试验和配合比试验结果

(1)原材料。

A. 碎石:碎石检测结果为粒径5~31.5 mm连续级配的优质粗骨料,见附表14。

附表14 碎石检测结果

级配情况	公称粒级/mm	筛余（按质量计）/%	筛孔尺寸（方孔筛）/mm							
			2.36	4.75	9.50	16.0	19.0	26.5	31.5	37.5
连续级配	5~31.5	分计筛余	0.7	29.7	30.7	10.2	21.3	6.6	0.8	
		累计筛余	100	99.3	69.6	38.9	28.7	7.4	0.8	

由于原碎石级配为 5~16 mm 连续级配，而非 5~31.5 mm 连续级配，因此要求矿方采用 5~31.5 mm 连续级配，即采用人工配置，原 5~16 mm 连续级配碎石占 60%，16~31.5 mm 单粒级配占 40%。对 5~31.5 mm 连续级配碎石进行表观密度检测，结果为 2 618 kg/m³。

B. 砂：中等偏粗石英河砂。

C. 水泥：32.5 级普通硅酸盐水泥。

D. 粉煤灰：邹城电厂 II 级以上粉煤灰，细度 13.8，烧失量 0.65，SO₃ 含量 0.84，需水量比 101。

E. 缓凝剂：木质素磺酸钙。

F. 减水剂：JM-100 减水剂。

（2）配合比设计。

① 确定基本数据。

A. 确定配制强度。

$$f_{cu,0} = f_{cu,k} + 1.645\sigma = 28 + 1.645 \times 5 = 36.225 \text{ MPa}$$

B. 初步确定水胶比。

$$W/C = \frac{\alpha_a f_{ce}}{f_{cu,0} + \alpha_a \alpha_b f_{ce}} \approx 0.45$$

为保证施工强度，选定水胶比为 0.44。

C. 确定每立方米混凝土用水量。按泵送混凝土坍落度的要求，将混凝土拌合物坍落度控制在 150±10 mm。已知当碎石最大粒径为 31.5 mm，坍落度为 75~90 mm 时，$m_{w0} = 205$ kg/m³。为达到工程要求的坍落度，需水量为 205+5×3 = 220 kg/m³。减水剂的减水率按 20% 计算，实际用水量为 $m_{wa} = 220 \times (1-20\%) = 176$ kg/m³。

D. 确定每立方米混凝土的水泥用量。用粉煤灰等量取代水泥，掺量分为 25% 和 30% 两种：

$$m_{c0} = \frac{m_{wa}}{W/C}(1-f) = \frac{176}{0.44} \times (1-0.25) = 300 \text{ kg/m}^3;$$

$$m_{c0} = \frac{m_{wa}}{W/C}(1-f) = \frac{176}{0.44} \times (1-0.3) = 280 \text{ kg/m}^3,$$

均满足耐久性要求。

E. 计算粉煤灰取代水泥量。当粉煤灰掺量为 25% 时，$m_{fs} = 100$ kg/m^3；当粉煤灰掺量为 30% 时，$m_{fs} = 120$ kg/m^3。

验证可知：水泥和粉煤灰总量 400 kg/m^3 大于 300 kg/m^3 的要求。

F. 初步确定砂率。

$$S_p = 0.36$$

G. 计算减水剂用量。

$$m_{bs} = 400 \times 1.5\% = 6 \text{ kg/m}^3$$

H. 粗细骨料用量计算。

a. 按重量法。假定混凝土拌合物表观密度为 2 400 kg/m^3，则

$$\begin{cases} 400 + m_{g0} + m_{s0} + 176 = 2\ 400 \\ \dfrac{m_{s0}}{m_{s0} + m_{g0}} = 0.36 \end{cases}$$

解得：$m_{g0} \approx 1\ 167$ kg/m^3，$m_{s0} \approx 657$ kg/m^3。

b. 按体积法。

$$\begin{cases} \dfrac{m_{s0}}{2630} + \dfrac{m_{g0}}{2680} = 1 - \dfrac{300/280}{3\ 000} - \dfrac{176}{1\ 000} - \dfrac{100/120}{2\ 200} - 0.01 \times 1 \\ \dfrac{m_{s0}}{m_{s0} + m_{g0}} = 0.36 \end{cases}$$

解得：当粉煤灰掺量为 25% 时，$m_{g0} \approx 1\ 139$ kg/m^3，$m_{s0} \approx 641$ kg/m^3；当粉煤灰掺量为 30%，$m_{g0} \approx 1\ 134$ kg/m^3，$m_{s0} \approx 638$ kg/m^3。

综上可知，粉煤灰掺量为 25% 时的理论配合比为 $m_{c0} : m_{wa} : m_{s0} : m_{g0} : m_{fs} : m_{bs} = 300 : 176 : 641 : 1\ 139 : 100 : 6$，粉煤灰掺量为 30% 时的理论配合比为 $m_{c0} : m_{wa} : m_{s0} : m_{g0} : m_{fs} : m_{bs} = 280 : 176 : 638 : 1\ 134 : 120 : 6$。

② 试配并提出基准配合比。

拌制 15 L 混凝土用料。

当粉煤灰掺量为 25% 时,水泥:300×0.015 = 4.5 kg

粉煤灰:100×0.015 = 1.5 kg

水:176×0.015 = 2.64 kg

砂:641×0.015 = 9.62 kg

碎石:1 139×0.015 = 17.09 kg(10.25 kg + 6.84 kg)

减水剂:6×0.015 = 0.09 kg

缓凝剂:400×0.25%×0.015 = 0.015 kg

当粉煤灰掺量为 30% 时,水泥:280×0.015 = 4.2 kg

粉煤灰:120×0.015 = 1.8 kg

水:176×0.015 = 2.64 kg

砂:638×0.015 = 9.57 kg

碎石:1 134×0.015 = 17.01 kg(10.21 kg + 6.80 kg)

减水剂:6×0.015 = 0.09 kg

缓凝剂:400×0.25%×0.015 = 0.015 kg

经现场拌合,混凝土坍落度达 220 mm,并伴有离析现象,拌合物的黏聚性、保水性都不好。将减水剂掺量调整到 1.5% 后,仍出现上述现象,故决定重新调整混凝土拌合物的用水量。

A. 参照减水剂出厂说明和实验室的检测结果,该减水剂的减水率在 25% 以上。所以调整用水量为 220×(1−25%) = 165 kg/m^3,水灰比选定为 0.42。

B. 确定每立方米混凝土的水泥用量,用粉煤灰等量取代水泥,掺量为 25% 和 30% 两种。

当粉煤灰掺量为 25% 时,$m_{c0} = \dfrac{m_{wa}}{W/C}(1-f) = \dfrac{165}{0.42}×(1-0.25) = 295$ kg/m^3;当粉煤灰掺量为 30% 时,$m_{c0} = \dfrac{m_{wa}}{W/C}(1-f) = \dfrac{165}{0.42}×(1-0.3) = 275$ kg/m^3。均满足耐久性要求。

C. 计算粉煤灰取代水泥量。

当粉煤灰掺量为 25% 时,$m_{fs} = 98$ kg/m^3;当粉煤灰掺量为 30% 时,

$m_{fs} = 118 \text{ kg/m}^3$。

验证可知：水泥和粉煤灰总量 393 kg/m³ 大于 300 kg/m³ 的要求。

D. 初步确定砂率。

$$S_p = 0.36$$

E. 计算减水剂用量。

$$m_{bs} = 393 \times 1.5\% \approx 6 \text{ kg/m}^3$$

F. 粗细骨料用量计算。

a. 按重量法。假定混凝土拌合物的表观密度为 2 400 kg/m³，则

$$\begin{cases} 393 + m_{g0} + m_{s0} + 165 = 2\,400 \\ \dfrac{m_{s0}}{m_{s0} + m_{g0}} = 0.36 \end{cases}$$

解得：$m_{g0} \approx 1\,179 \text{ kg/m}^3$，$m_{s0} \approx 663 \text{ kg/m}^3$。

b. 按体积法。

$$\begin{cases} \dfrac{m_{s0}}{2\,600} + \dfrac{m_{g0}}{2\,680} = 1 - \dfrac{295/275}{3\,000} - \dfrac{165}{1\,000} - \dfrac{98/118}{2\,200} - 0.01 \times 1 \\ \dfrac{m_{s0}}{m_{s0} + m_{g0}} = 0.36 \end{cases}$$

解得：当粉煤灰掺量为 25%时，$m_{g0} \approx 1\,159 \text{ kg/m}^3$，$m_{s0} \approx 652 \text{ kg/m}^3$；当粉煤灰掺量为 30%时，$m_{g0} \approx 1\,153 \text{ kg/m}^3$，$m_{s0} \approx 649 \text{ kg/m}^3$。

综上可知，粉煤灰掺量为 25%时的理论配合比为 $m_{c0} : m_{wa} : m_{s0} : m_{g0} : m_{fs} : m_{bs} = 295 : 165 : 652 : 1\,159 : 98 : 6$；粉煤灰掺量为 30%时的理论配合比为 $m_{c0} : m_{wa} : m_{s0} : m_{g0} : m_{fs} : m_{bs} = 275 : 165 : 649 : 1\,153 : 118 : 6$。

③ 试配并提出新的基准配合比。

拌制 15 L 混凝土用料。

当粉煤灰掺量为 25%时，水泥：295×0.015 = 4.43 kg

粉煤灰：98×0.015 = 1.47 kg

水：165×0.015 = 2.475 kg

砂：652×0.015 = 9.78 kg

碎石：1 159×0.015 = 17.39 kg（10.43 kg + 6.96 kg）

减水剂:6.00×0.015=0.09 kg

缓凝剂:393×0.25%×0.015=0.015 kg

当粉煤灰掺量为30%时,水泥:275×0.015=4.13 kg

粉煤灰:118×0.015=1.77 kg

水:165×0.015=2.48 kg

砂:649×0.015=9.74 kg

碎石:1 153×0.015=17.30 kg(10.38 kg +

6.92 kg)

减水剂:6.00×0.015=0.09 kg

缓凝剂:393×0.25%×0.015=0.015 kg

经现场拌合,混凝土坍落度在 160 mm 左右,拌合物的黏聚性、保水性均较好。所以,初步选定该配合比作为现场试拌的配合比,现场试拌所选材料如下。

A. 25%粉煤灰掺量混凝土坍落度经时损失见附表 15。

附表 15　25%粉煤灰掺量混凝土坍落度经时损失

经时/h	0	1	2	3	4
坍落度损失/mm	200	110	70	50	30

B. 初凝:当粉煤灰掺量为25%时,初凝时间为 10~12 h;当粉煤灰掺量为30%时,初凝时间为 11~13 h。

C. 现场环境温度 32 ℃左右,相对湿度 91%。

D. 砂:中等偏粗石英河砂。

E. 水泥:山东枣庄 32.5 级普通硅酸盐水泥。

F. 粉煤灰:邹城电厂Ⅱ级以上粉煤灰。

G. 缓凝剂:木质素磺酸钙。

H. 减水剂:JM-100 减水剂。

I. 石子:5~31.5 mm 级配碎石。

现场试拌配合比的试验结果见附表 16。

④ 经强度确定后的配合比还应按表观密度进行修正。混凝土表观密度计算值为 2 376 kg/m³,由于混凝土表观密度实测值与计算值之差不超过计算值的 2%,因此不按校正系数调整立方用量,以表观密度计算值确

定实验室配合比。

⑤ 换算施工配合比。

由于实验室配合比采用的砂、石均以干燥状态为基准,因此应根据现场砂、石的含水率调整配合比,即将实验室配合比换算为施工配合比。

7. 实验室第二次配合比试验

在实际混凝土的拌制中,工人不易控制用水量,可能使水胶比变大。因此,在保持原配合比基本不变的情况下,将水胶比调整到 0.45 和 0.50,减水剂用量分别为 1.5% 和 1.0%,粉煤灰掺量为 30%,进行实验。

(1)温度:实验室环境温度在 20 ℃ 左右。

(2)砂:中等偏粗石英河砂。

(3)水泥:山东枣庄 32.5 级普通硅酸盐水泥。

(4)粉煤灰:邹城电厂Ⅱ级以上粉煤灰。

(5)缓凝剂:木质素磺酸钙。

(6)减水剂:JM-100 减水剂。

(7)石子:5~31.5 mm 级配碎石。

实验室第二次配合比试验结果见附表 17。

附表 16　现场试拌配合比的试验结果

日期	编号	配比									坍落度/mm	结果数据			
		水泥	黄砂	碎石	水	粉煤灰	缓凝剂	减水剂	W/C	砂率 S_p		初凝/h	强度(76 h)/MPa	强度(172 h)/MPa	强度(28 d)/MPa
4月4日	4-i	295	652	1 159	165	98 (25%)	0.982 5 (0.25%)	6 (1.5%)	0.42	0.36	160	10~12	15.0	18.1	
4月5日	5-i	275	649	1 153	165	118 (30%)	0.982 5 (0.25%)	6 (1.5%)	0.42	0.36	170	11~13	8.6	17.3	

附表 17　实验室第二次配合比试验结果

日期	编号	配比									坍落度/mm	结果数据			
		水泥	黄砂	碎石	水	粉煤灰	缓凝剂	减水剂	W/C	砂率 S_p		初凝/h	强度(3 d)/MPa	强度(7 d)/MPa	强度(28 d)/MPa
4月15日	15a-i	275	649	1 153	177	118 (30%)	0.982 5 (0.25%)	6 (1.5%)	0.45	0.36	200		6.84	10.7	
4月15日	15b-i	275	649	1 153	196	118 (30%)	0.982 5 (0.25%)	4 (1.0%)	0.50	0.36	220		7.54	10.5	

8. 实验室第三次配合比试验

矿方担心在混凝土的浇注过程中,温度可能升得很高,工人可能承受不了,因此决定大体积混凝土不再连续浇注。第二次浇注前,先对第一次浇注的混凝土表面打毛,然后再进行第二次浇注,因此,不希望混凝土凝固得太迟。鉴于此,施工组又进行了实验室第三次配合比试验。配方中不再加缓凝剂,水胶比为 0.41,减水剂用量为 2.5%,粉煤灰掺量均为30%。实验环境和所选材料如下。

（1）实验室环境:4 月 19 日,温度 12.2 ℃,相对湿度 69%;

　　　　　　　　4 月 20 日,温度 13.3 ℃,相对湿度 70%;

　　　　　　　　4 月 21 日,温度 16.2 ℃,相对湿度 51%。

（2）砂:中等偏粗石英河砂。

（3）水泥:山东枣庄 32.5 级普通硅酸盐水泥。

（4）粉煤灰:邹城电厂Ⅱ级以上粉煤灰。

（5）缓凝剂:木质素磺酸钙。

（6）减水剂:JM-100 减水剂。

（7）石子:5~31.5 mm 级配碎石。

实验室第三次配合比试验结果见附表 18(见下页)。

9. 第三批原材料的检测结果

（1）砂。

① 含水率:10.4%。

② 含泥量:7.7%。

③ 筛分析试验:三河尖煤矿 21102 工作面两道水闸墙大体积混凝土所用砂为中砂,$M_x = 2.35$,级配合格,有害物质含量均在规定值以下。砂的颗粒级配结果见附表 19,筛分析曲线见附图 5。

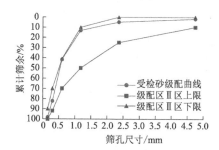

附图 5　砂的筛分析曲线

附表 18 实验室第三次配合比试验结果

日期	编号	配比								结果数据				
		水泥	黄砂	碎石	水	粉煤灰	缓凝剂	减水剂	W/C	砂率 S_P	坍落度/mm	初凝/h	强度（3 d）/MPa	强度（7 d）/MPa	强度（28 d）/MPa
4 月 19 日	19-i	275	683	1 114	160	118（30%）		10.0（2.5%）	0.41	0.38	200	13~15	6.6	13.8	

附表 19　砂的颗粒级配结果

级配情况	公称粒级/mm	累计筛余(按质量计)/%					
		筛孔尺寸(方孔筛)/mm					
		4.75	2.36	1.18	0.60	0.30	0.15
连续级配	级配Ⅱ区	1.78	4.78	13.12	41.64	82.24	98.18

（2）碎石。

① 含水率:0.6%。

② 含泥量:0.3%。

③ 筛分析试验:碎石颗粒级配结果见附表 20。从碎石的筛分析结果来看,该水闸墙所用的碎石的颗粒级配为 5~31.5 mm 连续级配。

附表 20　碎石颗粒级配结果

级配情况	公称粒级/mm	筛余(按质量计)/%	筛孔尺寸(方孔筛)/mm							
			2.36	4.75	9.50	16.0	19.0	26.5	31.5	37.5
连续级配	5~31.5	分计筛余	1.1	32.34	32.68	1.16	20.7	10.19	1.83	
		累计筛余	100	98.9	66.56	33.88	32.72	12.02	1.83	

10. 实验室第四次配合比试验（对比试验）

实验室第四次配合比试验(对比试验)的实验环境和所选材料如下。

（1）实验室环境。

4 月 25 日 AM 12:00,温度 16.4 ℃,相对湿度 74%;PM 2:00,温度 17.8 ℃;相对湿度 69%。

4 月 25 日 PM 4:00 至 4 月 26 日 PM 4:50 在养护室养护,养护室温度 20 ℃,相对湿度 70%。

4 月 26 日 PM 4:50 之后搬出养护室。

（2）砂:中粗石英河砂。按砂的含水率为 10%计算施工配合比。

（3）水泥:山东枣庄 32.5 级普通硅酸盐水泥。

（4）粉煤灰:邹城电厂Ⅱ级以上粉煤灰。

（5）缓凝剂:木质素磺酸钙。

（6）减水剂:JM-100 减水剂。

（7）石子:5~31.5 mm 级配碎石。按其含水率为 0.6%计算施工配合比。

实验室第四次配合比试验(对比试验)做了五组试块和六个抗渗试块,拌好时间为 AM 11:00,试验结果见附表 21(见下页)。

11. 实验室第五次配合比试验

实验室第五次配合比试验(模拟现场大体积砼环境试验)的实验环境和所选材料如下。

(1)沸煮箱环境:相对湿度 100%,温度 35~68 ℃。

(2)砂:中粗石英河砂。砂的 10.4% 的含水率是几天内测得的,考虑这几天的水分蒸发及麻袋吸水,此次按砂的含水率为 8.0% 计算施工配合比。

(3)水泥:山东枣庄 32.5 级普通硅酸盐水泥。

(4)粉煤灰:邹城电厂Ⅱ级粉煤灰。

(5)缓凝剂:木质素磺酸钙。

(6)减水剂:JM-100 减水剂。

(7)石子:5~31.5mm 级配碎石。由于从三河尖带回的碎石已用完,现采用滨州的 5~31.5mm 级配碎石,该碎石为干燥状态,故认为其含水率是 0。

实验室第五次配合比试做了三组试块,拌好时间为 AM 11:30,试验结果见附表 22。

附表 21 实验室第四次配合比试验结果

日期	编号	配比									坍落度/mm	结果数据			
		水泥	黄砂	碎石	水	粉煤灰	缓凝剂	减水剂	W/C	砂率 S_P		初凝/h	强度(3 d)/MPa	强度(7 d)/MPa	强度(28 d)/MPa
	实验室	275	683	1 114	160	118 (30%)		10 (2.5%)	0.41	0.38					
4月25日	施工	275	750	1 120	105	118		12 (3%)	0.46	0.38	180		4.3		

附表 22 实验室第五次配合比(模拟现场大体积砼环境实验)试验结果

日期	编号	配比									坍落度/mm	结果数据			
		水泥	黄砂	碎石	水	粉煤灰	缓凝剂	减水剂	W/C	砂率 S_P		初凝/h	强度(1 d)/MPa	强度(2 d)/MPa	强度(3 d)/MPa
	实验室	275	683	1 114	160	118 (30%)		10 (2.5%)	0.41	0.38					
4月26日	施工	275	738	1 114	105	118		10 (2.5%)	0.41	0.38	160		4.1	10.8	19.0

12. 实验室第六次配合比设计和试验（模拟现场大体积砼环境试验）

（1）原材料。

① 碎石：粒径5~31.5 mm级配的优质粗骨料。

② 砂：中等偏粗石英河砂。

③ 水泥：32.5级普通硅酸盐水泥。

④ 粉煤灰：邹城电厂Ⅱ级以上粉煤灰。

⑤ 缓凝剂：木质素磺酸钙。

⑥ 减水剂：JM-100减水剂。

（2）配合比设计。

① 确定配制强度。

$$f_{cu,0} = f_{cu,k} + 1.645\sigma = 28 + 1.645 \times 5 = 36.225 \text{ MPa}$$

② 初步确定水胶比。

$$W/C = \frac{\alpha_a f_{ce}}{f_{cu,0} + \alpha_a \alpha_b f_{ce}} = \frac{0.46 \times 36.725}{36.225 + 0.46 \times 0.07 \times 36.725} \approx 0.45$$

为保证施工强度，选定水胶比为0.43。

③ 确定每立方米混凝土用水量。

按泵送混凝土坍落度的要求，将混凝土拌合物坍落度控制在150±10 mm。当碎石最大粒径为31.5 mm，坍落度为75~90 mm时，$m_{w0} = 205 \text{ kg/m}^3$。为达到工程要求的坍落度，需水量为205+5×4=225 kg/m³。设定减水剂的减水率为15%，实际用水量为$m_{wa} = 225 \times (1-15\%) \approx 191 \text{ kg/m}^3$。

④ 确定每立方米混凝土的水泥用量，用粉煤灰等量取代水泥，掺量为30%。

$$m_{c0} = \frac{m_{wa}}{W/C}(1-f) = \frac{191}{0.43} \times (1-0.3) \approx 311 \text{ kg/m}^3$$

满足耐久性要求。

⑤ 计算粉煤灰取代水泥量。

$$m_{fs} = 133 \text{ kg/m}^3$$

验证可知：水泥和粉煤灰总量444 kg/m³大于300 kg/m³的要求。

⑥ 初步确定砂率。

$$S_p = 0.38$$

⑦ 计算高效减水剂用量。

$$m_{bs} = 444 \times 2.5\% = 11.1 \text{ kg/m}^3$$

⑧ 计算粗细骨料用量。

按重量法,假定混凝土拌合物的表观密度为 2 350 kg/m³,则

$$\begin{cases} 444 + m_{g0} + m_{s0} + 191 = 2\ 350 \\ \dfrac{m_{s0}}{m_{s0} + m_{g0}} = 0.38 \end{cases}$$

解得:$m_{g0} \approx 1\ 063 \text{ kg/m}^3$,$m_{s0} \approx 652 \text{ kg/m}^3$。

综上可知,理论配合比为 $m_{c0} : m_{fs} : m_{s0} : m_{g0} : m_{bs} : m_{wa} = 311 : 133 : 652 : 1\ 063 : 11.1 : 191$。

（3）试配并提出基准配合比。

拌制 15 L 混凝土用料如下。

① 水泥:4.9 kg。

② 粉煤灰:2.1 kg。

③ 水:2.87 kg。

④ 砂:10.27 kg。

⑤ 碎石:16.75 kg(10.05 kg + 6.7 kg)。

⑥ 减水剂:175 g。

经实验室拌合,坍落度在 170 mm 以上,拌合物的黏聚性、保水性较好。

混凝土采用蒸汽养护的方式。养护程序为从模拟井下混凝土入模温度 31 ℃开始,每三个小时升温 2 ℃,升温至 68 ℃即开始降温,每天降 3 ℃。

混凝土 7 d 抗压强度达到 36.9 MPa,满足强度要求。

得到基准配合比为 $m_{c0} : m_{fs} : m_{s0} : m_{g0} : m_{bs} : m_{wa} = 311 : 133 : 652 : 1\ 063 : 11.1 : 191$。

（4）施工配合比。

建议施工方根据天气变化情况对每批下井的砂石进行含水率测定,调整砂、石和水的用量,以确定施工配合比。每盘的材料用量是根据砂含水率为 8% 进行调整的,含水率不同时要做相应调整。设原砂含水率为 $a\%$,原碎石含水率为 $b\%$,则调整后的用量如下:

$$砂 = 652 \times (1 + a\%)$$

$$碎石 = 1\ 063 \times (1 + b\%)$$
$$水 = 191 - 652 \times a\% - 1\ 063 \times b\%$$

施工时应严格控制用水量,当混凝土坍落度不满足要求时,应调整 JM-100 高效减水剂掺量(范围为 1.5% ~ 3.0%)。

七、施工工艺基本要求

1. 大体积泵送混凝土的技术要求

(1)配制大体积泵送混凝土,除必须满足混凝土设计强度和耐久性要求外,还应使混凝土满足可泵性的要求,影响混凝土强度的三个方面——水泥、集料、水泥与集料的黏结,均应保持最佳状态。

(2)加外加剂以降低水泥的水化速率,在考虑泵送高度的前提下选择坍落度。

(3)混凝土集料应由细密无杂质的材料组成,为使水泥用量最小,应选择最佳级配。

2. 大体积混凝土泵送技术措施

(1)开始泵送时,应使泵处于低速运转状态,待泵压和各部分工作正常后,再提高运转速度,加大行程,转入正常的泵送。

(2)正常泵送过程中,宜保持泵送连续性,尽量避免泵送中断,若混凝土供应不及时,则宁可放慢泵送速度也要保持泵送连续性。

(3)在泵送混凝土过程中,受料斗内应充满混凝土,以防止其中混入空气,如吸入空气,应立即反泵将混凝土吸回料斗内,去除空气后转为正常泵送。

3. 控制浇筑层厚度和进度

浇筑混凝土应采用分层连续浇筑或推移式连续浇筑,应缩短间歇时间,并在前层混凝土初凝之前将次层混凝土浇筑完毕。层间间歇时间最长不应大于混凝土的初凝时间。混凝土的初凝时间应通过试验确定。同时应注意浇筑的进度要有利于混凝土的散热。

4. 控制浇筑温度

如果可能的话,部分水可以碎冰形式加进混凝土拌合物中,使现场新拌混凝土的温度尽可能低。但是,为了保证混凝土的均匀性,在搅拌终了之前,应使混凝土拌合物中所有的冰全部融化。因此,小冰片或挤压成饼状的冰片比碎冰块更适用。

八、施工质量保证措施

1. 大体积混凝土的浇筑方法

大体积混凝土的浇筑可采用分层连续浇筑或推移式连续浇筑,不得随意留施工缝,施工过程应符合下列规定:

(1)混凝土的摊铺厚度应根据所用振捣器的作用深度及混凝土的和易性确定。采用泵送混凝土时,混凝土的摊铺厚度不宜大于600 mm。

(2)分层连续浇筑或推移式连续浇筑,其层间的间隔时间应尽量缩短,必须在前层混凝土初凝之前,将其次层混凝土浇筑完毕。即层间时间间隔最长不应大于混凝土的初凝时间。分层连续浇筑法是目前大体积混凝土施工中普遍采用的方法。分层连续浇筑一是便于振捣,易保证混凝土的浇筑质量;二是可以利用混凝土层面散热,对降低大体积混凝土浇筑块的温升有利。

(3)振捣时,振动棒须直上直下,快插慢拔,插点形式为行列式,插点距离在500 mm左右,上下层振捣搭接40~100 mm,每个点的振捣时间为20~30 s。

2. 混凝土的拌制与运输

混凝土的拌制、运输必须满足连续浇筑施工和尽量降低混凝土出罐温度等方面的要求,并应符合下列规定:

(1)当在高温高湿环境下浇筑大体积混凝土时,在保证供应的前提下,应尽量将砂、石骨料置于低温环境。

(2)采用自备搅拌站,搅拌站应尽量靠近混凝土浇筑地点,以缩短水平运输距离。

(3)在混凝土入泵前做好混凝土坍落度测试工作,严禁入泵前加水,以免影响混凝土质量。同时严格控制混凝土的出机温度和浇筑温度。

3. 混凝土表面泌水的清除

在大体积混凝土的浇筑过程中,混凝土表面普遍存在泌水现象,为保证混凝土的浇筑质量,要及时清除混凝土表面的泌水。泵送混凝土的水灰比一般比较大,泌水现象更为严重,如果不及时清除,将会降低结构混凝土的质量。

此外,施工中应尽量创造各种条件,确保混凝土均匀密实,要求计量准确,平行施工,计算好浇筑速度。

4. 大体积混凝土的散热

大体积混凝土一般在高温高湿环境下浇筑,混凝土浇筑完毕后,应及时用鼓风机降温养护,以利于大体积混凝土散热。

5. 控制内外温差和降温速度的养护

混凝土浇筑完毕后,应及时按温控技术措施的要求进行保温养护,保持良好的湿度和通风条件,控制内外温差和降温速度。

6. 其他相关要求

(1)选在低温季节浇筑。本项目计划在4月份施工,此时防尘水温度较低,约为17℃。

(2)减少泵送过程中混凝土吸收的外热。因空气温度在36℃以上,为了避免混凝土在运输过程中吸收外热,将施工地以外的泵送管路、拌浆机的拌和鼓用麻袋包裹,并淋水降温。

(3)在水闸墙施工完毕后,采用水闸墙主体墙内的注浆管进行降温养护。

(4)采取导水、通风等降温手段改善施工环境,通过帷幕注浆、煤岩加固、壁后注浆增强水闸墙的防渗性及其与围岩的接合力,通过改进机械化拌料、输料工艺等加快水闸墙的施工进度。

7. 水闸墙施工顺序

水闸墙施工顺序:水闸墙里加固段→水闸墙里加固段壁后注浆→水闸墙外加固段→水闸墙外加固段壁后注浆→水闸墙段→水闸墙段壁后注浆→试压。

8. 水闸墙里(外)加固段混凝土施工

(1)施工方法:采用模板固帮,振捣器捣实,泵送混凝土。

(2)施工顺序:底板→下(上)帮、顶部和上肩部。

(3)底板施工。

首先清理底板的杂物和积水,埋设注浆管,然后由里向外一次性浇筑完成。运输道施工时,先用预制混凝土块将导水筒垫起,浇筑时将预制混凝块浇筑在混凝土体内,24 小时后,开始两帮和顶部施工。

（4）帮、顶施工顺序。

先埋设好帮、顶注浆管,两帮和顶板均采用模板进行支模,并垂直分层,分段浇筑,浇筑一层支一层模板,从里向外以每层 600 mm 的高度向上浇筑。

（5）壁后注浆。

混凝土养护 7 天后,拆除顶板和两帮的模板,进行壁后注浆,注浆结束后采用膨化水泥封管。

（6）水闸墙前 5 m 帷幕防渗注浆。

修护好巷道后,对施工水闸墙迎水面前端长 5 m、深 20 m 范围内的煤体注浆防渗孔,与里加固段壁后注浆一同进行。

9. 水闸墙主体段混凝土工程

（1）施工方法的确定。

① 混凝土的供给量。

原料均采用袋装,按每袋 50 kg 计算,搅拌机每次出料 0.5 m^3。需要水泥 3 袋,砂 6 袋,石子 11 袋,粉煤灰 1 袋,共 21 袋,采用人工在三个方向进行上料,拌制 105 s,不考虑送料时间,则平均每 6 分钟出料 1 次,所以搅拌机的出料能力为 5 m^3/h。

② 设计要求。

为防止冷接头,混凝土原则上应采用连续灌注工艺;如不能连续浇灌,应留好接茬面,间隔时间不得超过混凝土的初凝时间。

③ 直联插入式振捣器振捣。

直联插入式振捣器预计每小时可振捣 13.0 ~19.6 m^3。

水闸墙总工程量大,且受井下施工条件限制,不可能实现连续浇筑。因此,将水闸墙分为三节施工,每节实现连续浇筑,节与节之间进行壁后注浆,在留设施工缝的前提下,每节采用垂直分层,纵向分段,倒台阶式浇筑。

（2）节、段长度及分层高度的确定。

① 主体墙分为三节,第一节 9 000 mm,第二节 6 000 mm,第三节 9 000 mm。

② 每一节分 2~3 段,每段约 3 000 mm,共分三节八段。

第一节分三段:3 000 mm,2 305 mm,3 695 mm。

第二节分二段:3 000 mm,3 000mm。

第三节分三段:3 000 mm,3 000 mm,3 000 mm。

③ 分层高度为 600 mm,共 14 层,当浇筑至某一段锥形顶部时,其余段同一分层高度采用 200 mm,目的是在现有设备的混凝土生产能力下实现连续浇筑。节、段长度及分层高度见附图 6。

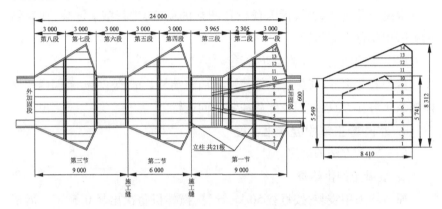

附图 6   水闸墙分段分层剖、断面示意图

(3) 布置钢筋网及预留管件。

在浇筑前先按设计位置布置好预留管件,并预先扎制好 1 000 mm×1 000 mm 网眼的钢筋网,当施工至钢筋网所在层时现场连接余下的钢筋,并在混凝土内埋设温度和压力传感器。

(4) 搭建施工平台。

采用纵向钢轨立柱,横向钢筋横杆支撑的水平施工平台。立柱纵向分为 7 排(见附图 6),每排距前段 200 mm,每排 3 根,从中间 1 根向两侧立柱间距分别为 2 000 mm(见附图 7)。可在每排立柱垂直方向上每隔 1 400 mm 扎一根钢筋,组成 4 组水平平台,平台上水平铺放纵向可抽动木板。

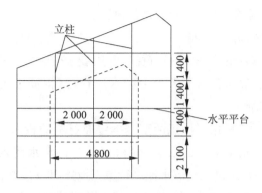

附图7 基架水平施工平台示意图

（5）浇筑顺序。

先支好里模板，再随着浇筑高度的升高按层顺序向上支外模板，按附图8所标的层序号浇筑，数字号一样的表示该层必须在同一班次中施工完毕，并且同一层均按纵向由外向里、由低层向高层施工，确保每一层与其相邻层间的浇筑时间不超过初凝时间。锥形顶部用喷浆机喷实，此时非顶部段的分层高度降为200 mm。

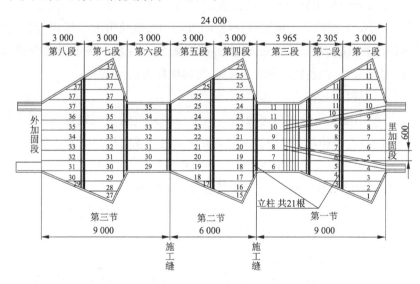

附图8 主体墙施工顺序剖面示意图(单位:mm)

10. 注浆加压试验

在水闸墙体施工完毕后，养护7天，对水闸墙体和水闸墙外加固段进

201

行注浆,当注浆至 9 MPa 后,进行加压试验。

11. 施工过程质量控制

采用设计选定的水泥、碎石、黄沙,并用袋子分装好。石子要冲洗;沙子要干净,泥土杂物含量不大于 1%;水质符合《混凝土用水标准》(JGJ 63—2006)的规定。

现场施工时应根据搅拌机的型号确定原材料的投入量;投料时采用二次投料法,即先将全部的石子、砂和 70% 的拌合水倒入搅拌机,拌合 15 s,使集料湿润,再倒入全部水泥进行造壳搅拌 30 s 左右,然后加入剩下的拌合水再进行糊化搅拌 60 s 左右完成。总搅拌时间应不少于 105 s。

(1)搅拌要求。

① 严格控制混凝土施工配合比。原材料必须严格过磅,未经试验人员同意,不得随意加减用水量。

② 在搅拌混凝土前,搅拌机应加适量的水运转,使拌筒表面润湿,然后将积水倒干净。

③ 搅拌好的混凝土要卸净。在全部混凝土卸出之前不得再投入拌合料,更不得采取边出料边进料的方法。

④ 混凝土搅拌完毕或预计停歇 1 h 以上时,应将混凝土卸出,倒入石子和清水,开机转动 5~10 min,把黏在料筒上的砂浆冲洗干净后全部卸出,同时还应清理搅拌筒外面的积灰,使机械保持清洁。

(2)混凝土运输。

① 使用混凝土输送泵将混凝土从搅拌地点输送至浇筑点,混凝土自由下落的高度不得超过 2 m,搅拌后 60 min 内必须将混凝土泵送完毕。

② 输送泵应安设在搅拌机的出料口处,避免二次运输。

③ 泵管应吊挂牢固,横平竖直,转弯宜缓(曲率半径不得小于 0.5 m)。

④ 输送泵与浇筑点之间必须建立电信号联系,联系信号要统一。

⑤ 布料时应垂直布料面,距布料面保留 200 mm 的垂直长度。

(3)混凝土浇筑和振捣。

① 人工布料,分段、分层浇筑,分段、分层振捣,并在下一层初凝之前将上一层混凝土浇灌、振捣完毕。

② 混凝土应连续浇筑,尽量缩短间歇时间,间歇时间不得超过其初凝时间。若间歇时间超过初凝时间,则必须等 24 h 以上才允许继续浇筑。

③ 混凝土浇灌后,应采用插入式振捣器垂直或斜向振捣,插点均匀布置,间距不宜大于振捣器作用半径的 1.5 倍,每点振捣时间 20~30 s,要快插慢拔,上下略微抽动,顺序进行,不得遗漏;振动棒应插入下层混凝土50 mm 左右,以消除层间接缝;振捣上层混凝土应在下层混凝土初凝之前进行。

④ 浇筑工、布料工及振捣工相互之间应保持联系,配合协作,严禁将输送泵管口对着人喷射。

⑤ 在浇筑过程中,应及时清除混凝土表面的泌水。

(4) 节间施工缝的处理。

① 在施工缝处继续浇筑混凝土前,已浇筑的混凝土抗压强度不应小于 1.2MPa。

② 注意不得使混凝土松动或被破坏,钢筋上的水泥浆、油污等要先清理干净,再凿除松动的石子和软弱的混凝土层,并凿毛表面,用水冲洗干净。

③ 表面必须洒水,充分湿润并排干积水。

④ 浇筑混凝土时,应避免直接靠边下料,振动时逐渐向施工缝推进,并细致捣实,使新旧混凝土紧密结合。

⑤ 在施工缝处应加插钢筋。

(5) 混凝土养护。

混凝土浇筑完毕后,及时按温控技术措施的要求进行保温养护,保持良好的防风条件,控制内外温差和降温速度。常温下养护期不得少于 14个昼夜。

九、大体积粉煤灰混凝土水闸墙温度、应变和压力的测试目的

该混凝土工程为高温高湿环境下的大体积、防渗混凝土工程,施工地点气候条件十分恶劣,其周围的空气温度高达 40 ℃,空气湿度在 90% 以上,虽采取了隔热、加大风量、洒水降温、局部制冷等一系列降温措施,但空气温度仍在 36 ℃以上。另外,大体积混凝土最主要的特点是要以大区段为单位进行施工,施工体积大,由此带来的问题是水泥的水化热引起温度升高,而且该混凝土工程所用混凝土从搅拌、泵送到浇筑、振捣均处在

高温高湿的环境下,这更不利于热量的散失,极易导致大体积混凝土内部温度很高而外部温度相对较低,容易产生裂缝从而降低强度。为了防止裂缝产生,必须在混凝土内埋设温度和压力传感器,对混凝土浇筑块体的内外温差和降温速度进行同步监测,随时掌握施工过程中的温升数据,控制施工进度,保证工程质量。

十、水闸墙测试仪器布置图

在水闸墙墙体施工的过程中,把主体墙纵向分为三段,水平浇注到一定层面时在每一段埋设一定数量的振弦式应变计,用以监测墙体内部混凝土的应变并同步测量埋设点的温度。在墙体的头部接近突水点的位置埋设孔隙水压力计,用来监测墙体施工完成后关闭闸门水压升高过程中混凝土墙体所承受的压力。传感器布置平面图见附图9至附图15。

图中需要说明的是:传感器后括号内的编号C表示材料道,Y表示运输道;第一个数字表示水闸墙的段号,第二个数字表示传感器埋的层数;左、中、右、前、后表示面向里加固段传感器的位置。

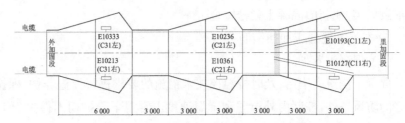

附图9　材料道水闸墙第一层传感器平面布置示意

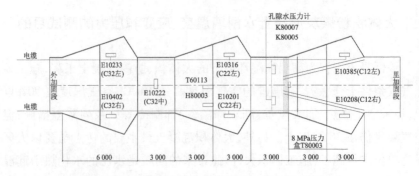

附图10　材料道水闸墙第二层传感器平面布置示意

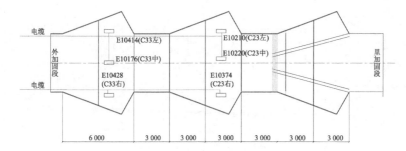

附图 11　材料道水闸墙第三层传感器平面布置示意

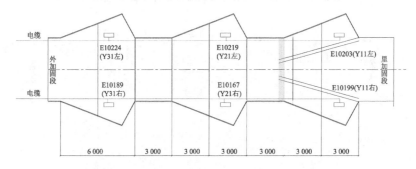

附图 12　运输道水闸墙第一层传感器平面布置示意

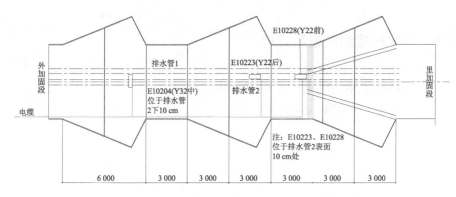

附图 13　运输道水闸墙第二层传感器平面布置示意

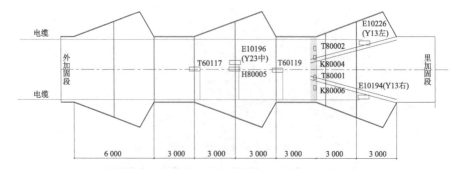

附图 14　运输道水闸墙第三层传感器平面布置示意

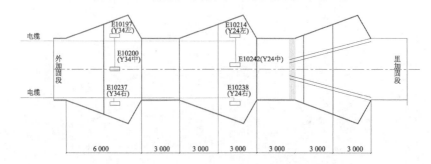

附图 15　运输道水闸墙第四层传感器平面布置示意

十一、水闸墙测试结果分析

1. 材料道水闸墙第一段传感器测试结果

材料道水闸墙第一段传感器测试结果如附图 16 和附图 17 所示。

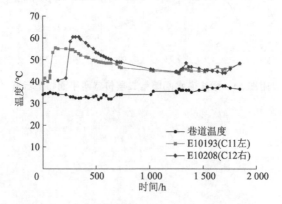

附图 16　材料道水闸墙第一段时间-温度曲线

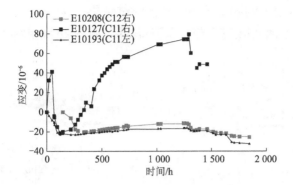

附图 17 材料道水闸墙第一段时间-应变曲线

2. 材料道水闸墙第二段传感器测试结果

材料道水闸墙第二段传感器测试结果如附图 18 和附图 19 所示。

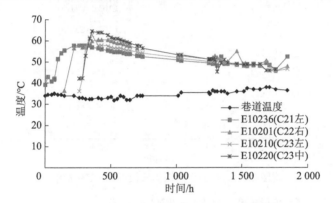

附图 18 材料道水闸墙第二段时间-温度曲线

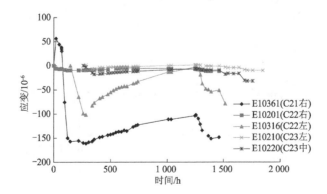

附图 19 材料道水闸墙第二段时间-应变曲线

3. 材料道水闸墙第三段传感器测试结果

材料道水闸墙第三段传感器测试结果如附图 20 和附图 21 所示。

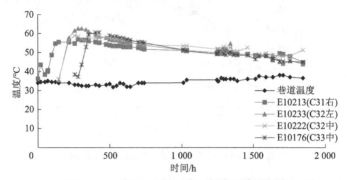

附图 20　材料道水闸墙第三段时间-温度曲线

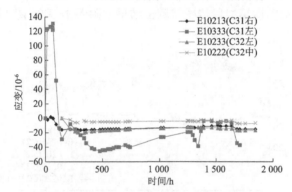

附图 21　材料道水闸墙第三段时间-应变曲线

4. 运输道水闸墙第一段传感器测试结果

运输道水闸墙第一段传感器测试结果如附图 22 和附图 23 所示。

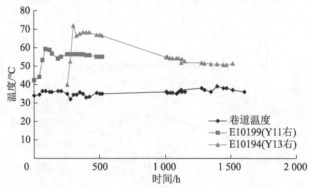

附图 22　运输道水闸墙第一段时间-温度曲线

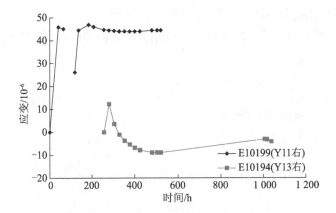

附图 23 运输道水闸墙第一段时间-应变曲线

5. 运输道水闸墙第二段传感器测试结果

运输道水闸墙第二段传感器测试结果如附图 24 和附图 25 所示。

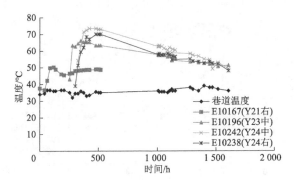

附图 24 运输道水闸墙第二段时间-温度曲线

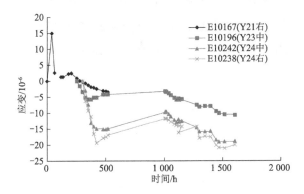

附图 25 运输道水闸墙第二段时间-应变曲线

6. 运输道水闸墙第三段传感器测试结果

运输道水闸墙第三段传感器测试结果如附图 26 和附图 27 所示。

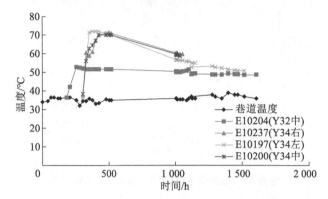

附图 26　运输道水闸墙第三段时间–温度曲线

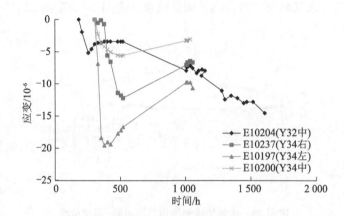

附图 27　运输道水闸墙第三段时间–应变曲线

7. 升压阶段材料道水闸墙第一段传感器测试结果

升压阶段材料道水闸墙第一段传感器测试结果如附图 28 和附图 29 所示。

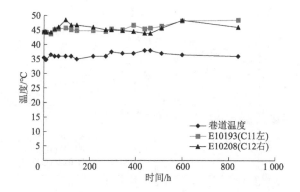

附图 28　升压阶段材料道水闸墙第一段时间–温度曲线

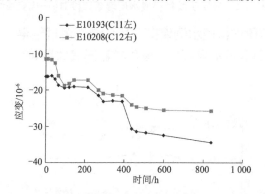

附图 29　升压阶段材料道水闸墙第一段时间–应变曲线

8. 升压阶段材料道水闸墙第二段传感器测试结果

升压阶段材料道水闸墙第二段传感器测试结果如附图 30 和附图 31 所示。

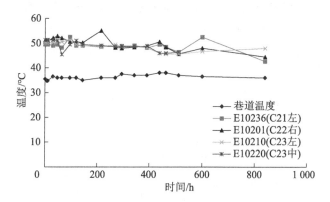

附图 30　升压阶段材料道水闸墙第二段时间–温度曲线

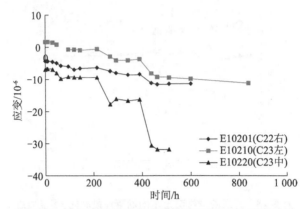

附图 31　升压阶段材料道水闸墙第二段时间-应变曲线

9. 升压阶段材料道水闸墙第三段传感器测试结果

升压阶段材料道水闸墙第三段传感器测试结果如附图 32 和附图 33 所示。

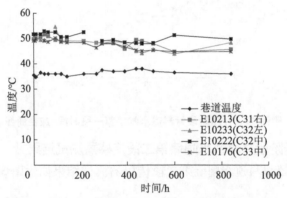

附图 32　升压阶段材料道水闸墙第三段时间-温度曲线

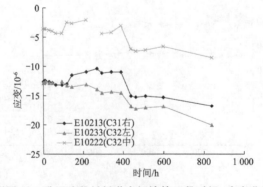

附图 33　升压阶段材料道水闸墙第三段时间-应变曲线

10. 升压阶段运输道水闸墙第一段传感器测试结果

升压阶段运输道水闸墙第一段传感器测试结果如附图 34 所示。

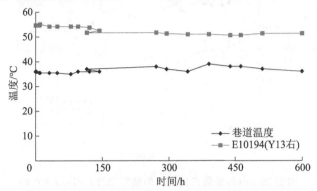

附图 34　升压阶段运输道水闸墙第一段时间-温度曲线

11. 升压阶段运输道水闸墙第二段传感器测试结果

升压阶段运输道水闸墙第二段传感器测试结果如附图 35 和附图 36 所示。

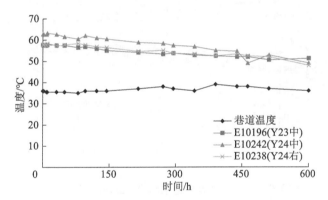

附图 35　升压阶段运输道水闸墙第二段时间-温度曲线

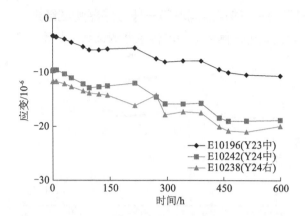

附图 36　升压阶段运输道水闸墙第二段时间-应变曲线

12. 升压阶段运输道水闸墙第三段传感器测试结果

升压阶段运输道水闸墙第三段传感器测试结果如附图 37 和附图 38 所示。

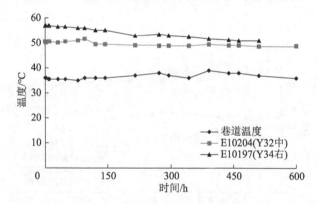

附图 37　升压阶段运输道水闸墙第三段时间-温度曲线

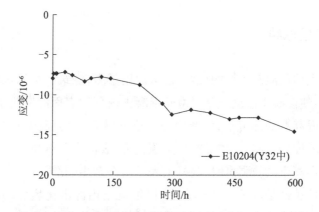

附图38　升压阶段运输道水闸墙第三段时间–应变曲线

13. 升压阶段材料道水闸墙孔隙水压力计测试结果

升压阶段材料道水闸墙孔隙水压力计测试结果如附图 39 所示。

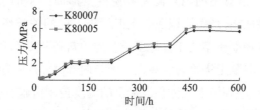

附图39　升压阶段材料道水闸墙孔隙水压力计时间–压力曲线

14. 升压阶段运输道水闸墙孔隙水压力计测试结果

升压阶段运输道水闸墙孔隙水压力计测试结果如附图 40 所示。

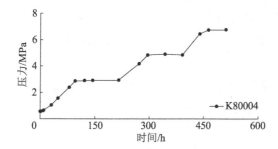

附图40　升压阶段运输道水闸墙孔隙水压力计时间–压力曲线

十二、工程总结

（1）大体积混凝土结构截面大、水泥用量多,浇筑后水泥水化产生大量水化热,使混凝土温度上升。由于混凝土内部和表面的散热条件不同,且处在高温高湿的环境下,因此中心温度非常高,表面温度相对较低,易形成温度梯度,使混凝土内部产生抗压应力,表面产生抗拉应力。当抗拉应力超过混凝土抗拉强度时,混凝土表面就会产生裂缝。因此,大体积混凝土施工的关键是降低水化热,减少因混凝土内部水化热引起的剧烈的温度变化和温度应力变化,控制混凝土结构的内外温差,防止出现温度裂缝。为达到这一目的,从原材料选用到混凝土试配及施工的每一个环节,都应采取综合有效措施,以确保工程满足设计要求。

（2）控制因混凝土的内外温差和温度变形而产生的裂缝,提高混凝土的抗渗、抗裂性能,是大体积混凝土工程施工中的关键环节。对大体积混凝土应根据《混凝土结构工程施工质量验收规范》（GB 50204—2015）的规定控制温度,混凝土浇筑后混凝土表面与内部温差应不超过 25 ℃。

（3）高温高湿环境下大体积混凝土的温度控制措施有以下几种:

① 降低水泥水化热。采用水化热较低的水泥,尽量选用粒径较大的石子和粗砂,掺粉煤灰和减水剂,以减少水泥用量。

② 由于工程处于高温高湿环境下,因此尽量采用降温法施工。

③ 采用合理的浇筑方法,如采用泵送预拌混凝土,分层连续浇筑。

④ 改善约束条件,削减温度应力。

⑤ 提高混凝土的抗拉强度,控制砂、石含泥量,保证混凝土振捣密实,设置温度配筋。

⑥ 在大体积混凝土养护过程中,不得采用强制、不均匀的降温措施,否则易使大体积混凝土产生裂缝。

（4）裂缝控制的施工措施。

① 严格控制混凝土原材料的质量和技术标准,特别是在泵送混凝土施工工艺中,一定要采取"精料方针",粗细骨料的含泥量应尽量低于1%~2%。

② 对混凝土集料的配比应做细致分析,当强度等级和水化热及收缩

有矛盾时,应根据工程要求(如防水、防渗等)进行最优方案的选择。混凝土的水灰比很重要,应在满足强度及泵送工艺要求的条件下尽可能使水灰比降低,为此掺入减水剂是必要的。

③ 混凝土的浇灌振捣技术对混凝土的密实度有重要影响,最合适的振捣时间是 30 s,泵送流态混凝土也需要振捣。

④ 根据初步试验结果,对本工程混凝土配合比提出了合理的建议,用水量可以根据现场情况适当调整。

⑤ 做好温度监控工作:在大体积混凝土施工、养护过程中,应对混凝土浇筑块体的里外温差和降温速度进行监测,掌握与温控施工控制有关的数据,并根据现场实测结果调整配合比、施工工艺、施工进度及养护措施等。在浇注后及使用过程中,加强对大体积混凝土的温度、应力、应变和水压力的监测,保证水闸墙的安全。

(5)混凝土浇注时,土体内部温度升高;停止浇注进行扎筋时,土体内部温度有所下降,但低点仍高于入模温度。在持续浇筑过程中,混凝土体温度一直上升,在浇筑完成后 7~10 天内升至最高,随后开始下降,在升压阶段,温度有所波动。

(6)传感器刚埋设时受拉应变,说明混凝土体内部的温度高于外部温度,导致传感器受拉;随后拉应变逐渐下降,变成压应变,压应变上升至一定值后有下降的趋势,说明混凝土体内部温度持续上升时体积膨胀压迫传感器。因此可以推断随着混凝土内部温度的下降,将产生温度应力,产生拉应变。

(7)大体积混凝土施工中要有效地控制混凝土体内外的温差以防混凝土出现大量的裂缝。现行规范规定,混凝土浇筑后混凝土表面与内部温差应不超过 25 ℃。本项目实测结果显示,混凝土体内外温差小于 25 ℃,说明施工时对温度的控制比较有效,也说明在大体积混凝土施工时掺入一定比例粉煤灰能有效减少水泥水化热,避免混凝土因内外温差和温度变形而产生大量裂缝。

(8)和普通混凝土相比,粉煤灰混凝土结构早期强度相对较低,但后期强度将超过普通混凝土,并且能较好地降低成本。

(9)本项目实测结果显示,关闸升压期间,传感器能准确地反映压力的变化情况;升压间隙的稳压过程中,传感器测得的数据比较平稳,说明墙体的情况稳定,也反映出设计的准确性。